U0261259

SHAN DONG
WEI ER

山东味儿

王老虎 — 著

山东科学技术出版社
· 济南 ·

图书在版编目（CIP）数据

山东味儿 / 王老虎著 . -- 济南：山东科学技术出版社，2023.2
ISBN 978-7-5723-1565-7

Ⅰ . ①山…　Ⅱ . ①王…　Ⅲ . ①饮食 - 文化 - 山东　Ⅳ . ① TS971.202.52

中国国家版本馆 CIP 数据核字 (2023) 第 014081 号

摄影：王老虎　鲁克强

山东味儿

SHANDONG WEIER

责任编辑：孙雅臻
装帧设计：魏　然

主管单位：山东出版传媒股份有限公司
出 版 者：山东科学技术出版社
地址：济南市市中区舜耕路 517 号
邮编：250003　电话：（0531）82098088
网址：www.lkj.com.cn
电子邮件：sdkj@sdcbcm.com
发 行 者：山东科学技术出版社
地址：济南市市中区舜耕路 517 号
邮编：250003　电话：（0531）82098067
印 刷 者：山东联志智能印刷有限公司
地址：山东省济南市历城区郭店街道相公庄村文化产业园 2 号厂房
邮编：250100　电话：（0531）88812798

规格：16 开（170 mm × 240 mm）
印张：17.5　**字数：**350 千　**印数：**1~4 000
版次：2023 年 2 月第 1 版　**印次：**2023 年 2 月第 1 次印刷
定价：68.00 元

序言

老虎要出书了，嘱我为他的新书写几句话。从搜狐美食自媒体联盟算起，我们认识有十年了，一起做过很多事，浪过西北大漠，下过东南沿海，一起合作出过书，参与过纪录片拍摄，工作生活几方面，都是很好的朋友。这份情谊在，一定要为老虎的新书说几句的。

前几年在济南一个鲁菜发展论坛上，老虎和我被主办方请上主席台，要我们用一句话评价当下鲁菜的发展。前面的几位嘉宾说了很多赞美的话，轮到我时，主持人让我在不思考的情况下，用一句话表达我对鲁菜的看法，我脱口而出的是："鲁菜是改革开放以来最不与时俱进的菜系。"我的看法与前面几位嘉宾截然不同，算是往论坛里扔了一块石头，溅起了一些水花。这是个大话题，判断标准就是看作为中国烹饪基石的鲁菜在改革开放以来的影响力如何就可以了。有人建议鲁菜应该在纽约、巴黎、东京开设鲁菜博物馆、精品鲁菜餐厅，以鲁菜之中蕴含的中国文化传统教育外国人，吸引外国人，从而达到鲁菜走出去的目的。但我觉得这是一种非常有创意的梦想，人人都可以有，万一实现了呢？如果抛开梦想，鲁菜还是应该在国内先做好自己，做到有足够大的影响力，做到足够的好看好吃有创意，这样也许会离梦想近一些。我的发言有点不合时宜，让很多人吃惊，老虎给了我坚决坚定的支持。在我们共同的美食游历过程中，听到、看到、吃到很多有意思、有意义的新菜、好菜，对比当下的鲁菜已经失去了可比性。我的话说得有点狠，但也是爱之深、急之切，为鲁菜在新时期的发展担忧。放眼北上广深和饮食发达地区，菜品创新是餐饮经营第一要素，社会经历发展，人民生活水平提高，菜品一定要与时俱进，跟上时代发展的步伐。这一点在文化底蕴深厚，传统力量强大的齐鲁大地相对有些滞后了。国内几大有影响力的餐厅榜单，直到今年才有黑珍珠和金梧桐进入山东，南方一些三四线城市却早已是各种榜单上的常客了。事实摆在那里，山东餐饮人应该奋起直追了。

“礼失而求诸野”，诸野是发达地区，更在齐鲁大地的乡村巷陌。老虎的《山东味儿》就是一本记录齐鲁名菜、山东风味、民间味道的实用读本。这些年，老虎走遍了山东的地市县镇，认真看，认真问，认真吃，认真记，点滴心得集成了这本《山东味儿》。温故知新，找回城市丢失的味道，还原曾经的那份本真，以新时代的新思维、新方法解构传统，建立新的齐鲁风味，也许就是老虎写作这本小书的初心吧。不忘初心，方得始终。我们一起努力！

APEC北京领导人会议首脑宴会专家顾问，世界中餐业联合会文化委员会成员，著名美食评论家，《舌尖上的中国》美食顾问，央视《中国味道》总顾问

董克平

目录 Catalogue

鲁菜那些事

市井烟火味

味蕾的乡愁

鲁菜那些事

龙眼大肠和梅花大肠的「龙凤呈祥」

济南菜中，除了九转大肠声名在外，还有一道肥肠做的菜也很有名，叫龙眼大肠。好吃，也很是好看。

一桩乳白的圆鼓般的大肠圈中，酿着一丘丘更乳白的鸡蓉，再上面镶嵌着一粒翠绿的青豆和红艳艳的细碎的火腿丝，这样七八个、十几个一簇就静静地立于盘中清汤里，食客还未入口，就为这如春色般的美色所陶醉了。

这洁白，这翠绿，这红艳，让人想起了春暖乍寒的春景，想起了白雪绿柳红花。突然，有一个词浮现在我脑海：阳春白雪。可他们非得说这道菜像一只只眼睛，龙的眼睛，说这吉祥。那好吧，但我觉得应该叫“春的眼”才对的。

等到入口，就更美妙了。肥肠的丰腴，鸡蓉的滑嫩，青豆的脆甜，火腿的脂香，和着清汤的咸鲜和香醇，由舌尖味蕾，层层向口内递进，如同一支瑶琴，由拨弦三两声慢慢渐入佳境，又像一支支鼓槌击鼓而鸣，不是震耳欲聋，而是闻香惊唇，但也不确切，如果这道菜叫龙眼大肠的话，那更应该叫“惊龙香”才是的。

这道菜是老济南菜里的一道老菜，若从烹饪上来讲，其实它该叫“瓤大肠”的。“瓤”这个字，从“襄”（xiāng），意为“包裹”或“包容”。

这龙眼大肠做起来是极有讲究的。因为只用肥腴的肠头这一段来做，一根猪肠也仅仅只能取三四段来用。猪肠汆洗得白净了，用毛汤添绍酒、葱、姜、香料，再抓一把豆芽，来白煮，煮得白白、胖胖、圆圆、鼓鼓的，然后切成一寸高的墩桩，看起来像一面面战鼓。

要再准备些鸡料子来做“龙眼”，要用细嫩的鸡胸肉，但最讲究的是用鸡里脊，还要是紧贴鸡肋骨的细细的鸡内脊，也叫鸡牙子的那条，这一条最是细嫩光滑。先把鸡牙子用刀背剁成细细的蓉泥，再取一小块肥肉，也锤打成泥。再把鸡牙子蓉和肥肉泥，加一只蛋清，添些许用葱姜和花椒泡的葱椒绍酒，还有水淀粉抓搅均匀，就成了一团好的鸡料子糊。

把鸡料子团成圆圆的细嫩的小丸子，“瓤”入圆鼓的肠头段中，再嵌上一颗碧绿的青豆做眼珠，切细碎的火腿丝或冬菇丝来做睫毛。如

此，便形似一只只怒睁的“龙眼”。入蒸笼中蒸熟后，码盘备用。再起锅，下清汤一勺，调味，勾芡，淋鸡油，浇在大肠上，一道龙眼大肠就好了。

要是再取鸭肝、冬菇片、玉兰片翻炒，添酱油、清汤、绍酒、白糖，待沸时移至微火上焖至熟透，勾芡，再淋葱椒油兜炒出锅，和龙眼大肠做一个双拼，那么这道菜叫：“龙眼凤肝”。也很是好。

梅花大肠光听名字就觉得更美了。在盘里，朵朵梅花盛开在红润肥腴的肥肠上，娇艳欲滴。花是白梅花，开五瓣，花蕊却是红艳艳的，煞是好看。红白辉映，鲜艳夺目，却偏偏又荡漾在一汪清澈的汤芡里，倒影垂下，是素雅的美，像一个如花容颜的美人，吹着笛子，对影独照，让人突然想起了金庸先生《射雕英雄传》中黄蓉做的一道菜的名字——“玉笛谁家听落梅”。

这名字，倒是应景得很。

梅花大肠菜是博山菜的一道老菜了。相传是以前聚乐村饭庄名厨王广镛的得意之作。梅花大肠和龙眼大肠做法倒很是相似，却也有不同，取浑圆厚实粗细均匀的猪肠，先氽煮后酱卤至熟，取其红艳之色，不像龙眼大肠般白煮。也是只用肠头几段，将鸡料子泥“瓤”入圆鼓的肠头段中，底部抹平，上端堆出花蕊的鼓鼓的形状。制作“花蕊”，取瓜子仁或杏仁片五片，用梅花五瓣的意境，把其小头朝下斜斜地插在鸡料子上。以前是用玉兰片切细丝染食色来做花蕊，现在多用樱桃枸杞等红艳色食材来替代。但我私下想，若是用细细的火腿丝来代替会不会更好呢？

“瓤”好的梅花大肠，摆盘入蒸笼中旺火蒸透，吊好的上好的清汤，调好味道浇入汤盘中，好似一朵朵梅花盛开在清波之上，让人赏心悦目，一道梅花大肠就好了。

也很是好吃。丰腴的肥肠，滑嫩的鸡蓉，脆甜的杏仁片，脂香的火腿，和着清汤的咸鲜，在味蕾上犹如梅花三弄般。

然后，吃得幸福的像花儿一样。

有一次我去威海荣成，在华星宾馆，杨总让我做道菜，我就想起了这味梅花大肠，突发奇想，有这么好的海鲜，何不用海参做一道梅花海参？取鸡牙子蓉、猪肥膘泥、葱姜水、料酒、精盐搅打成鸡料子泥，选肥硕刺参横截成段，填入鸡料子，插入五粒瓜子仁呈梅花瓣状，加清汤上蒸锅蒸透。另取小碗，打蛋液，蒸蛋糕铺底，梅花海参蒸好，摆放在蒸蛋糕上备用，原汤入锅，调味勾薄芡淋在梅花海参上，切火腿细丝做花蕊。那次做得也好吃，大家都说好。

写济南龙眼大肠和博山梅花大肠，突然想到了一个比喻：龙和凤，龙眼大肠自不必说，那梅花大肠除了形似梅花，组合起来在盘里更像是一只五彩斑斓的凤凰的羽毛般美丽，既然都是“瓤”菜，那么要是能把这两道菜拼到一起，那不就是肥肠菜里的龙王和凤后吗？

名字我都想好了，就叫“龙凤呈祥”。

摇曳在济南初夏的
奶汤蒲菜和锅塌蒲菜

暮春过去，济南的夏天就要来了。

初夏，是济南老城区最美的季节了：泉水开始汩汩地涌冒汇流，大明湖的水也就清澈浅绿起来，环湖的古柳垂了金线般的柳条，湖中遍布莲荷，翠翠的荷叶间悄绽了亭亭的荷花骨朵儿，花瘦而清秀，不像盛夏时开得那么热烈，娇羞羞的，一簇簇的，飘着淡淡的香。

而在这个济南的初夏，除了旖旎的风光，舌尖上最期待的就是蒲菜了。

旧时的大明湖是极大的，湖水兴盛时，平吞济泺，烟波浩渺，故人赞济南“四面荷花三面柳，一城山色半城湖”。那时候大明湖的蒲菜、茭白、莲藕、美蔬丛生，《济南快览》记载：“大明湖之蒲菜，其形似茭白，其味似笋，遍植湖中，为北方数省植物菜类之珍品。”

而现在的大明湖，南与五龙潭被趵突泉北路相断，北面已填平为北园镇，这“半城湖”早就不复在了。幸好，济南的蒲菜还能吃到，不过多是在黄河边的水塘里种植采摘的了。

蒲菜食用，始于周代。《诗经》曰：“其嫩为何维笋及蒲。”南齐·谢朓《咏蒲诗》亦云：“离离水上蒲。结水散为珠。……初萌实雕俎，暮蕊杂椒涂。”初夏时节，是蒲菜最好吃的时候。其嫩根，色白脆嫩，入馔极佳。采了剥皮取嫩茎，生食清香满喉，若是蘸白糖和蜂蜜来吃，就更甜脆了；若是蘸酱吃，咸鲜清爽，下酒最是好；若嫌生食素淡，就顺茎对剖开，摆够一盘，滚油沸热，喇啦泼上，再淋秋油，就更惹味。这是春的味道在夏的味蕾上摇曳。

这个季节，若是做济南老菜之滑炒里脊丝，就不要用笋丝了，最好是用蒲菜和茭白。那素雅清淡的味道，会让里脊丝也有些飘飘然了。取几只湖虾，剥了壳，去了虾线，薄薄地撒一层淀粉，用木槌轻敲成虾片，再切成细细的虾丝，蒲菜也切得细细的，做一个滑炒虾丝，湖虾配湖菜，那就更合滋味了。

而蒲菜的做法，在济南菜里，“锅塌”和“奶汤”做来的最好味。

别的技法不太好说，但锅塌这种烹饪技法确实是鲁菜独创的，它由“煎”与“焖煨”复合而成。除了油煎产生的香气外，更通过焖煨使菜肴口感柔和绵软，入味咸鲜醇厚。据说锅塌菜源自烟台福山的一个厨娘，她在做一道油煎黄鱼时，因为时间仓促未做熟，无奈回锅以清汤焖塌，不料味道尤佳，无意中成就了鲁菜的一个经典味型。

锅塌的“塌”应从火字旁，意为微火焖煨。有些有关烹饪的字儿，离开火字旁，字就失去了原意，烹饪之意也差之千里了。

锅塌菜里，锅塌黄鱼、锅塌豆腐较为常见，而有一味锅塌腰盒最考验火候：先将鲜腰子切大片，上下两片，中夹肥猪肉片、鸡料子和青蔬片，形成盒子，用锅塌技法烹饪，成菜极是香醇，现在很少有人做了。

锅塌蒲菜好吃，关键在鲜采的蒲菜。制作时，取其嫩茎，切寸半段，用刀稍拍，使其松散，加精盐、料酒腌渍，拍面粉，入蛋黄糊抓匀，分两排置于盘中，余糊置于其上抹平。热锅，油五成热时，将蒲菜推入锅内，小火煎至蒲菜片“挺身”时，把油控出，大翻勺，浇油，继续煎至两面金黄，加葱姜丝，加清汤兑汁一勺调味，微火塌制，火要微，汤要塌透，撒火腿丝，取大盘，盖锅中菜上，焖塌，汤近尽，翻扣出锅。其色金黄娇艳，入口鲜香软嫩，蒲菜的清香萦绕唇齿，味蕾好似被大明湖的微风轻轻拂过。

锅塌蒲菜虽好，但早年的菜谱里，奶汤蒲菜才是济南菜汤菜的代表。其实奶汤蒲菜细分起来，应该分为奶汤扒蒲菜和奶汤炖蒲菜。现在吃到的奶汤蒲菜，多是奶汤炖蒲菜，究其原因，会做能做也肯做奶汤扒蒲菜的师傅越来越少了。还有一个原因，就是制奶汤的也少了。前几年，《舌尖上的中国》栏目组到济南录制奶汤蒲菜，热播之后，奶汤蒲菜更是盛名远扬。但是片中那名大厨制作奶汤竟然用炒面粉来添汤的白润色和浓稠度。此做法有奶汤蒲菜其形而无其韵，就是一碗蒲菜面汤，实在是贻笑大方。所谓“唱戏的腔，做菜的汤”，而现在的厨师很少有用真材实料费工费时吊汤的了，所以顾客想一品奶汤蒲菜的真味，也难了。

鲁菜的老传统，最重制汤，而菜之优劣，汤最关键。清汤是以猪肘、老母鸡、肥鸭、干贝等慢火炖至酥烂，滗滤出汁，再经鸡腿肉剁为茸泥的“红俏”或嫩鸡脯肉剁为茸泥的“白俏”分别清滤汤汁方可使用。而奶汤，是因为汤色奶白、味道醇厚而名。吊奶汤有两个讲究。一是食材的脂肪要足够丰富。换句话说，就是食材要好，鸡鸭、肘子等要够肥润。二是必须加足水，旺火沸滚。奶汤之所以呈奶白色，主要原因就是通过汤水持续沸滚，将溶于水中的油脂脂肪充分打散成细小的颗粒，被蛋白质包裹溶于水中形成悬浊液，折射呈现出乳白颜色。

说实在的，现在还有多少餐厅多少师傅肯下功夫肯下材料来做这一锅奶汤呢？没有了奶汤，又谈何奶汤全家福、奶汤蒲菜、奶汤鱼肚、奶汤火腿冬笋、奶汤扒鲍鱼海参鱼唇裙边四宝这些老菜啊？

还是说说我知道的奶汤蒲菜的老做法吧。取脆嫩蒲菜，剥去老皮，取嫩茎，切寸长段，冬菇切片，笋尖切片或用玉兰片，滚水汆烫，捞出过凉滤水；火腿切丝或茸，葱切段，热锅下油，爆香葱，烹葱椒酒（葱椒酒是传统鲁菜的一味调味品，是将葱白与花椒一起碾碎，用纱布包起浸泡于绍酒中，泡约一天后便为葱椒酒，现在的餐厅讲究这个的不多了。烹葱椒酒是因为奶汤蒲菜中的奶汤吊出后会有肉腥味，所以用葱椒酒一则去腥，二来添加酒和葱椒的香气，让菜品口味更加丰富）；葱椒酒烹出香味，入吊制好的奶汤，煮滚，撇去浮沫，入蒲菜段、冬菇片、笋尖片或玉兰片，小火煨炖片刻，起锅，添盐调味，盛入汤碗中，洒上火腿丝或茸，再添几缕黄黄的蛋皮丝，一道奶汤蒲菜就好了。

我曾于多年前吃过一道好的奶汤蒲菜，初见时，只闪现出一句诗“满园春色关不住”。蒲菜白茎如脂玉，绿梢如浅翠，火腿茸点缀，白绿红品相清新可人。汤是吊制的奶汤，口味宽厚，温润绵长、色白香醇，一勺浓汤入口，味蕾舒展开来，加之蒲菜鲜嫩，清口不腻，虽是一份素菜，但是奶汤的浓香中不失菜心的清芳，素淡中又有余味无穷的鲜美，大美！遗憾的是，从那以后，再也没吃到过那么好的奶汤蒲菜了。

每年农历三至七月，蒲菜当季，五六月间，是蒲菜鲜嫩之时，最适于在“荷红苇翠映碧水，草长莺飞满锦塘”的大明湖畔，用明月清风下酒，酌佳酿，品美味，那真可谓满眼初夏色，满口蒲清香……

除了锅塌蒲菜和奶汤蒲菜，我最喜欢吃的是蒲菜饺子，手切了肉馅，借荤添香，再加几枚虾仁，就更惹味了。除了吃鲜蒲菜，趁着蒲菜嫩时，还可以晒一些蒲笋干的，秋末冬初想这一口了，就把晒干的蒲笋泡开，用高汤烧肉，又是另一番味道了。我曾经吃过一道蒲笋干烧肉，甚是好吃。等真过了季节，蒲菜老了，那就用蒲草捆扎肉片，做一道老济南的把子肉，肉香酱香中隐约蒲草香，能让人下三碗大米干饭。蒲草再老一些，就编几把蒲扇，摇起来，赶走夏末秋初的热。

然后，就静静地等待下一年鲜嫩蒲菜的到来吧！

爱螃蟹也爱赛螃蟹

我爱吃蟹，尤爱大闸蟹。每年秋高菊黄蟹正肥之时，总爱买一兜，呼朋唤友，清蒸来吃。

明末清初名家张岱曾在《陶庵梦忆》中写道："食品不加盐醋而五味全者，为蚶，为河蟹。河蟹到十月与稻粱俱肥，壳如盘大，坟起，而紫螯巨如拳，小脚肉出，油油如螾愆。掀起壳，膏腻堆积，如玉脂珀屑，

团结不散，甘腴虽八珍不及。”

而蟹之鲜，以清蒸为上。捏活鲜鲜的大闸蟹，取线绳，捆蟹螯，刷洗净了，背下腹上入蒸笼蒸透，去绳，码入瓷盘中。最好是一只白瓷的盘，蟹红瓷白，才够好看，如果在盘边以一朵开得正盛的菊花衬托，那清秋的意境已经远非笔墨所能描述了。口水四溢中取一只，掀开蟹盖，蟹黄似金，蟹肉似玉，蘸一身姜汁香醋，鲜而肥，甘而美，是色香味的极致，那真是一种神仙般的快乐。

突然，就想起了《红楼梦》中那个清秋月圆之夜大观园那场赏花吃蟹、纵酒吟诗的盛宴。蘅芜君薛宝钗那句“脐间积冷馋忘忌，指上沾腥洗尚香”的才情诗意让人追忆不已，就连那虚弱多病的潇湘妃子林黛玉也赞不绝口道：“螯封嫩玉双双满，壳凸红脂块块香。”而贾宝玉的那句“持螯更喜桂阴凉，泼醋擂姜兴欲狂”更让人印象深刻，只因他说出了吃蟹人抑制不住的狂喜心境。这是我读过的对食蟹最好的描述。

但欢乐总是稍纵即逝的，蟹季一过，就再也难寻蟹的美味了。有爱蟹者，就会在蟹肥之时，提前做一罐“秃黄油”；把蟹蒸熟，拆出蟹黄和蟹膏；猪肥膘切碎丁，小火煸透出肥腴的猪油，葱姜爆香锅，下蟹黄和蟹膏，加绍酒，撒胡椒粉、精盐调味，焖炒熬透，最后用猪油封起装罐。待到冬季，拿出，舀一勺，拌一碗热热的米饭或者面，或者去做一道秃黄油烧豆腐，鲜醇浓香，这一口中，就是味蕾上蟹正美的秋天。

要是实在是馋，又无蟹可食，那就做一道“赛螃蟹”吧。赛螃蟹是鲁菜师傅的妙手。相声贯口《报菜名》里有一道用活蟹制作的“熘蟹肉”，而赛螃蟹这道菜就是模仿了熘蟹肉的做法，用黄鱼、虾子、鸡蛋(或鸭蛋)还有嫩姜、香醋来烹，菜里没有螃蟹，却胜似蟹味，平常之中却见精彩，实在是妙。

我听说过很多赛螃蟹的做法，觉得王希富老爷子记录的最为妙：

“黄花鱼一条，蒸透，拆出细肉；钳子米(也就是虾米，虾米一对大钳子，威猛有力，故称钳子米)，加水，泡开，水入鱼肉中再蒸入味；钳子米斩细粒，蘸鸭蛋黄打匀翻炒；鸡蛋清炒成碎片；锅入底油，姜米起锅，下以上各物料翻炒，兑入海米水和鱼汤，勾团粉米汤芡，出锅装碗，撒姜米和米醋适量，即为'赛螃蟹'。食之，与熘蟹肉极似。"

我曾经跟随《舌尖上的中国》美食顾问董克平老师，在北京八爷府吃过大半席"满汉全席"，92道菜，吃得醉美。其中就有这道赛螃蟹，据说就是根据王希富老爷子的做法所烹，很是美味。

一只瓷盘中，白嫩如玉的鱼肉和蛋清如蟹肉般晶莹，而鸭蛋黄末和钳子米细粒如蟹黄般黄灿斐然，白与金，纠缠不休，鲜美先不说，只看那清新如清秋的颜色，只看那似乎"螯封嫩玉""壳凸红脂"如蟹的样子，就足以让人无限神往。把鱼肉、蛋清、鸭蛋黄末、钳子米、姜米和米醋搅拌均匀了，入口，鲜而肥，甘而绵，虽然食材众多，口感却呈现一致的软滑香甜，黄鱼的鲜甜、蛋清的滑嫩、钳子米的清鲜、咸蛋黄的咸鲜，层次丰富但统一，醋和姜的存在更营造了浓郁的吃蟹的感觉，甜柔的绵鲜由舌尖慢慢地在唇齿流连，不是螃蟹胜似螃蟹，将食者带回到了那个秋高菊黄蟹正肥的秋天。

江浙菜中也有一味素炒蟹粉，是将胡萝卜和土豆蒸熟，碾压成泥，胡萝卜泥用少许油煸干后，颜色从橙红变橘黄，再加入煮熟碾碎的咸蛋黄碎，好似黄灿的蟹黄，而白糯的土豆泥就如同蟹肉般了，再加一些香菇、竹笋等同炒染味，以醋、姜末、盐调味，纯素制作，与赛螃蟹倒有着异曲同工之妙了。

这两种荤素赛螃蟹，无论是哪一种，都看不到螃蟹的影子，却清晰地感受到了蟹的气息。在没有蟹的季节，那就用一道赛螃蟹，让活色生香的美味变成舌尖上的享受，以慰藉食客对蟹的思念吧。

油爆双脆和汤爆双脆，唇齿间的“绝代双娇”

一

济南菜里有一味历下双脆，说是一味，其实是两道菜，一道油爆双脆，一道汤爆双脆，都用鸡胗和猪肚头来爆，区别在于“爆”的技法的不同，一是汤爆，一为油爆，却都是娇嫩脆爽，妙不可言。若非得用一个词来形容的话，我觉得用唇齿间的“绝代双娇”来说才有那么点意思。

二者中，我最喜欢油爆双脆。油爆双脆旧称油爆双片，顾名思义，鸡胗和猪肚头不打花刀，而是要片薄片。猪肚只用肚头的肚尖，而且猪肚是分三层的，讲究的是要将上下两层片去弃之不用，只用中间那层最嫩的肚仁来做，鸡胗也是如此，将内外筋皮去净，只用内芯一处，都片成薄薄的片，入油中汆滑，因猪肚更为细嫩，故过油时先入鸡胗，再入肚尖，顺序不同但脆嫩的关键便在于此。再次起锅热油，下玉兰片，再入双脆和料汁，旺火，爆炒，兜匀出锅，成菜脆嫩滑润，清鲜爽口。因为又脆又嫩，所以后来改名为“油爆双脆”。

鲁菜的泰斗王义均老爷子的拿手菜之一就是油爆双脆，他做的油爆双脆是要把鸡胗和猪肚头提前打花刀的。王老爷子说：“鲁菜里爆菜比较多，爆包括很多，油爆、汤爆、葱爆、芫爆、酱爆、焖爆、腌爆等。光这道油爆双脆来说，原料有猪肚头、鸡胗。重点是将猪肚头撕去脂皮、硬筋，洗净打上花刀，鸡胗撕去内外筋皮，也打好花刀。如果手艺不到，那层皮撕不好，里面的纤维撕坏，原料就废了。如果花

刀够好，烫一下就炸开像一朵花似的。刀深了，就碎了；刀浅了，就厚了，烫不透，也不开花。这些技巧都是一点一点地跟着师傅干，师傅指点了再琢磨。而标准的做法要用三口锅，三灶眼分别是汤锅、油锅、爆炒锅，打好花刀的猪肚头和鸡胗要用热汤氽，热油炸，急火爆炒。处理不好先、后、老、嫩、火候，就会直接影响口感。”

因为油温高而水温低，所以在济南菜的老传统里，做油爆双脆因为是鸡胗和猪肚头片薄片，而汤爆双脆是要打花刀的。油爆时原材料打花刀若火候掌握不好，容易外老内生；而汤爆时，打花刀可增加食材受热面积，让食材内外受热一致，方才脆嫩。王义均老爷子火候把握得好，油爆、汤爆都打花刀，形美味美，自是高明。

相比较于油爆的脆爽，汤爆双脆更是清新香脆，这菜的关键在于清汤，汤要用吊好的清汤一碗。将肚头剥去脂皮和硬筋，鸡胗切剥去外皮、去掉筋杂，打花刀，刀口深至三分之二处；汤锅内放清汤，置旺火，烧至初沸，因为鸡胗比猪肚韧，所以要先放鸡胗后下猪肚，待鸡胗和猪肚刀花微张，仅仅嫩熟，立即捞出，放入汤碗内；锅内再入清汤，用精盐、胡椒、葱椒绍酒调味，烧沸，去浮沫，浇入汤碗内。配一碟卤虾油上桌，鸡胗红润，猪肚白洁，花刀微绽，在一汪清汤里轻轻荡漾，是淡雅的美，尝来，汤自然是鲜美香醇的，而鸡胗猪肚又脆又嫩，再蘸卤虾油来吃，就更惹味了。

油爆脆嫩爽口，汤爆清鲜脆嫩，用“绝代双娇”来形容，才够妙。

二

用“娇”来形容历下双脆，除了口感脆嫩，其实还有另一层意思，就是鸡胗和猪肚头都是荤腥娇嫩之物，烹饪“失之毫厘”，口味便“谬以千里”了。所以历下双脆，从处理到烹调都是极其讲究的，欠一分则腥臊不熟，过一分则凝而不脆，做起来难度极大。

梁实秋先生在《雅舍谈吃》里就说过：“如果你不知天高地厚，进北方馆就点爆双脆，而该北方馆也不知天高地厚硬敢应这一道菜，结果一定是端上来一盘黑不溜秋的死眉瞪眼的东西，一看就不起眼，入口也嚼不烂，令人败兴。”

梁先生写的这爆双脆原料在当年指的是鸡胗和羊肚，这两样食材火候小了嚼不动，火候大了也嚼不动，必须急火快炒，而且成熟的时间不同，在顷刻之间还要分不同的时间下料。这就需要厨师具有极高的烹饪艺术和极丰富的经验，古人说得好，“烹饪之道，如火中取宝。不及则生，稍过则老，争之于俄顷，失之于须臾”。

《大宅门》的导演郭宝昌，是个吃家，他写过一段有关油爆双脆的轶事，也很有意思:

“油爆双脆是最难做的菜，原来萃华楼最拿手，我去了一定要吃。现在一问，没有，服务员听都没听说过。在山东济南拍戏的时候，我到一个老字号去吃饭，忽然看上面有一个油爆双脆，我跟我摄影师和副导演说，这儿居然能看见油爆双脆，赶紧要一个！吃完饭半个钟头了，菜还没上呢，我说你再不上我们走了，他们说这菜之前没人点过，挺难做的。我跟摄影师说，完了完了，这都没人要过，出来绝对嚼不动。他说会吗，我说不信你待会儿看。等端上来了，一咬，“咔”，就跟那自行车带似的。没吃，扔那儿走了。

“第二天我去阳谷，有个刚得金奖的老厨师，陪着我吃饭。我说您是山东最有名的厨师，鲁菜油爆双脆应该怎么做？他给我讲了一下做法，说这两样是不能同时下锅的，因为猪肚尖和鸡胗的硬度不一样。听完整个的烹制过程，我说这些个人啊！就敢在菜单上写油爆双脆，你有这两下子吗?

“所以这油爆双脆是鲁菜中很是考验刀工与火候的一道菜，不是谁都能做得了的，有的师傅做了一辈子菜也未必能做好一道油爆菜。旧时候，如果客人点了油爆菜，堂头都要走到做爆菜拿手的师傅面前，说声：师傅，您辛苦，给做个油爆菜。而现在，无论是大小鲁菜馆，几乎没有几家还在做难度这么大的手艺菜了。”

不是菜没有手艺，而是有这手艺的师傅少了。

我还算有幸，有一年《舌尖上的中国》和《风味人间》的总顾问沈宏非来济南，请他吃什么成了我头疼的事，于是找到了我的好朋友，崔义清老爷子的徒弟邓君秋师傅，让他做了几道传统的老济南菜，其中就有一道汤爆双脆，汤清鲜，肚仁鸡胗脆美，很是好。后来又有一次我带着山东电视台诸人拍美食纪录片，又央求邓师傅做了一道油爆双脆，从切配到烹饪，完整记录了一遍，饱了口福又学了知识，幸运又知足。

三

最早，是没有油爆双脆这道菜的。清代袁枚在《随园食单》中记录了一味油爆猪肚，“将猪肚洗净，取极厚处，去上下皮，单用中心，切骰子块，滚油爆炒，加佐料起锅，以极脆为佳。此北人法也”。而现在这道菜在各个菜系中都有呈现，川菜中称为火爆肚头，粤菜中称油泡爽肚，徽菜称之为生炒肚尖，天津菜称之为油爆肚，在山东和北京称为油爆肚仁。

而说起济南油爆双脆和汤爆双脆的来历，有一个叫屠忠江的人不得不提。有一个曾担任过北平市长的叫周华章的人，在他所著《烹调与健康》中比较详细地披露了这段食事：

“由明末到清末，北京菜馆无甚变化，可是到了民国初年，在天津南市广兴里出了一家异军突起的山东济南菜馆，名叫明湖春，与山东东三府的菜不同。以前北京、天津的山东菜馆都是东三府的菜，没有济南菜，由此才分出东三府的菜和济南菜来。明湖春的主人名叫屠忠江，于清末时在济南候补，讲究烹调饮食，又好收藏，后调天津，民初卸职后出资经营明湖春菜馆。该菜馆菜品，经屠氏教导和改良，也不是纯粹的济南菜了，又加杂上江浙风味，如鸳鸯肝酱、川双脆、爆双脆和奶汤类菜、银丝卷，都是他创造的。从前只有汤爆肚和油爆肚，以后经屠氏创造，把鸡肫和鸭肫加入，才成为双脆。”

以后各菜馆多仿效这几样菜。不久北京杨梅竹斜街又出现了一号明湖春，菜的风味和天津明湖春相仿佛，后又有煤市街济南春、万明路的新丰楼，都是济南菜。济南春倒闭后，又出了一家济南菜馆，就是现在仍存在的丰泽园。这里需要解释一下，山东东三府是古代登州、莱州、青州的总称，因位于山东的东部，故称东三府。

这段历史，源自我哈尔滨的一个朋友宋兴文，一个真正喜欢研究美食的人。他收藏了一本民国时期的《明湖春菜社点菜一览薄》，后来开始关注收集“明湖春”的资料，从中发现“济南菜”竟是因“明湖春”而声名鹊起和流行的，进而得出了一个“济南菜崛起在民初”的说法。

我很佩服老宋的行为，这才真正反映他对待美食和历史的态度，这才是真正有自己考究和独立思考的做法。他收集了很多关于哈尔滨乃至东北特别是饮食的历史资料，更难能可贵的是他收集了关于鲁菜和山东饮食的很多资料，有些是我闻所未闻的，作为一个山东的美食爱好者，我更是汗颜。

最近，我陆续在写一个《山东味儿》系列文章，写了几十篇了。写写一些老菜，写写对传统的认识，写写山东各地有意思的吃食，写写吃过山东之外的味道后回头对鲁菜和山东味道的理解和建议。不人云亦云，不听信偏信，不生搬硬套，静下心来写写，挺有意思，也挺好的。

向老宋学习。

把火腿丝酿进一根豆芽的酿豆莛

一

春天，是个让人欣喜的季节。桃红了，柳绿了，风正清，日正暖，春正浓。春雨用温润的雨珠，唤醒了一冬的沉寂，万物开始透出满是春的鲜活气息。味蕾，也从冬日的阴冷中苏醒过来，而那些在春日里萌发的春芽，漫山遍野的野菜，菜市场带着露珠的娇嫩的各种青菜蔬，最是让人心痒嘴馋了。

突然就想吃豆芽了。取一把绿豆，在家用清水泡，看那豆子萌萌地露出牙尖儿，像一条条银鱼，也似根根银芽，就想起了明代诗人陈嶷的一首《豆芽赋》来："冰肌玉质，子不入于污泥，根不资于扶植。金芽寸长，珠蕤双粒；匪绿匪青，不丹不赤；白龙之须，春蚕之蛰。"

二

做饭,需要的是用心。你想吃，就是最大的乐趣和动力。譬如，一盘豆芽，我是这么做的：把豆芽一根根掐头去尾，用嫩茎炒个掐菜。（因为豆涨发芽，尾有根，头有瓣，此二处有豆腥之气，所以掐去，仅食其芽茎，才够清甜）。起锅，烧开一锅清水，水沸如蟹眼，点精盐、滴清油，下豆芽，盐使其脆，油使其色白，一焯而出，在凉水淬过。再架锅，下油（我用的是荤油和花生油的混合油来炒，炒素菜，借点荤油的油脂才更香的)油热，炸红袍花椒，待焦煳，出麻香，把花椒捞出弃之，下豆芽，仅用盐一味来调味，兜翻，要快炒兜匀，不待掐菜出水，脆嫩时，关火。再挑一绺紫根细嫩的新茬春韭，切段，下锅，兜几下，用余热将新韭的韭香染出，就好了。这道菜倒有个清新的名字，叫翡翠银芽，银芽脆嫩，春韭绿鲜，很是好吃。下一壶酒，那春的清鲜滋味便让味蕾陶醉了。

要卷春饼吃，单纯的炒个掐菜就稍显寡味了，那就得用豆芽掐菜来做个“伙菜”。菜并无绝对定式，老百姓常以多种菜材或炒或拌到一起，名曰合菜或伙菜。肉丝、韭菜、鸡蛋、豆芽、菠菜、韭黄、粉丝、胡萝卜、香菜甚至土豆丝等皆可入伙，但关键是视季节而定，要嫩，春季当然最好是用一些当春最应季的菜，譬如“野鸡脖”的韭菜、“葱心绿”的菠菜，大葱出的嫩芽“羊角葱”……

北京的炒“合菜戴帽”，是将豆芽、肉丝、韭菜等，炒熟，再摊一张薄薄的蛋饼盖在上面，与单饼一起吃，很是好。而济南炒“伙菜”的做法，一般是要用到豆芽掐菜、炸豆腐丝、鲜粉皮条、芹菜段、肉丝这五样的。当然春天的时候自然是要用到春韭的，其余的季节则用芹菜来提清鲜。炒的时候，还要用些许的甜面酱或者酱油，山东人还是爱吃一些酱味的。豆芽清脆，鲜粉皮滑糯，肉丝醇香，炸豆腐丝入味，芹菜鲜甜，用一张单饼卷来，大口啖之，实在是饱腹豪爽。

三

宁波以前有个女作家，以《结婚十年》《饮食男女》等作品蜚声文坛，叫苏青，是才女也是个吃家。她写过一道豆芽火腿的菜："我的爸爸在夏天有几只非常爱吃的小菜，一只是火腿丝拌绿豆芽。那时金华火腿在宁波卖得很便宜，我们家总是永远这么挂着三四只。把它们切一块下来蒸熟，撕成丝，然后再把绿豆芽去根，于沸汤中一放下去就捞起来，不可过熟，这样同上述火腿丝搅在一起，外加虾子酱油及陈醋，吃着新鲜而且清脆"。

读着读着，就馋了，想想就鲜美啊！

苏青说的是用豆芽来拌火腿丝，而作家陆文夫写过的一道豆芽菜，更是精致，他在《姑苏菜艺》中谈道："苏州菜中有一只绿豆芽，是把鸡丝嵌在绿豆芽里，其精细的程度可以和苏州的刺绣媲美。"这更让人叹服，垂涎三尺了。

其实陆先生说的这道菜，早在清朝时就有了，并受到养尊处优的皇室和八旗子弟的追捧。徐珂的《清稗类钞·第四十七册·饮食》中记载："镂豆芽菜，使空，以鸡丝、火腿满塞之，嘉庆时较盛行。"其做法是将豆芽氽烫，浸冷水，沥干，再用牙签将其逐根掏空，然后在空隙里填上鸡肉馅或者火腿末，所以有红白之别，随即清炒。如此的精工细做，倒不像是在烹饪，而更接近于微雕艺术，豆芽的身价也就因此翻了上千倍，与常人也就没有缘分了。

而这道菜，在山东的孔府菜里也有身影。

四

以前曲阜孔府菜中，颇有几道用豆芽做的美味。

有一道"油泼豆莛"。要挑水灵灵的好豆芽，掐去头尾，只吃中间一段嫩芽。也不用锅炒，而是把掐洗干净的豆芽放入漏勺，上面铺一串用细棉线串好的花椒，用滚油淋几遍，把豆芽的臭青味顶出来，把花椒的香味逼进去。将花椒提去，控净油，撒上精盐，兜勺就好了。

除了“油泼豆莛”，还有几道也甚是好吃，像是用海米和豆芽做的“金钩挂银条”，还有用芹菜和豆芽做的“翡翠银针”，还有一道“镶豆莛”是将豆芽外面包酿肉泥，但最费功夫的是一道“酿豆莛”，其实也就是《清稗类钞》讲的那道豆芽菜了。把去掉头尾的豆芽穿空，里边酿上鸡茸、火腿，红白相映，色香味绝佳。这是一道费时、费工的奇妙之品，据说以前孔府厨师做此菜，两个人要做两个时辰。

这道菜我没吃过，但听韩一飞韩兄讲过，也看过他的《闲话济南菜》。一飞兄是这么讲的：

“据说慈禧这位老佛爷，就爱吃山东的酿豆芽。这个菜不是吹嘘，真有的，而且乾隆朝就有了，最流行在嘉庆年间。这菜做法很费工。要取上好的绿豆芽，掐去头尾不用，制成掐菜。在虾目水里烫一烫，沥干。取细竹签一根，先用盐水泡过，为的是借点味道，也更光滑，再小心地从豆芽中间穿过，酿入切得极细的火腿丝一根。火腿丝得多细？细如发丝！火腿用哪一块？要取上方，还要用蜜蒸过！一斤豆芽约莫用二两火腿，足够。怎么酿入的？那是讲究，要把竹签和火腿丝一起穿过豆芽，再单抽出竹签来，火腿丝就酿入豆芽了。最后再快炒即成。因为太过折腾，所以老佛爷也不能经常吃到。到底还是山东孔府的人识趣，特地成立了衙门一座，叫作“掐豆芽局”，局子里的人不管其他，专门伺候绿豆芽，还给它格外起了一个文雅的名字，叫作豆莛。读过《诗经》的人都知道——莛，就是亭亭玉立的草茎。”

一飞兄讲的是天花乱坠，我听的是口水四溢。

什么时候能吃一回呢？

梁实秋先生爱极了的
济南清油盘丝饼

爱极了这济南的盘丝饼。

初看，是小巧黄灿灿的一朵，像初开的花瓣般微微绽开，再仔细看，却是一圈圈的细丝盘旋环绕着，像纤细的花蕊、像古典美女的发髻般让人着迷。

在一个盛夏，带央视栏目组去济南的泉城大酒店拍盘丝饼。待做好了，一看，用一朵红艳的尚未绽开的鲜荷苞、一片翠绿的鲜荷叶，还有一柄鲜莲蓬铺底，几枚黄灿斐然细细脆脆的盘丝饼摆在上面，还没尝，就美透了。

小心翼翼地拿一枚，唯恐散乱折碎了那纤细的饼丝。入口，那丝丝缕缕却触牙即断，在唇齿间顽皮地跳跃，先是酥脆的感觉，再是麦面的香，接着就是淡淡的甜，最后是清油的油香，如同《春江花月夜》的素手琴音,又像大明湖的清风拂过湖面，在舌尖层层递进微微拂过，真的好。

这清雅的样子，这清甜的味道，怎么能不爱？梅兰芳先生、尚小云先生曾经来济南北洋大戏院献唱，在“又一新”饭馆吃到盘丝饼，也是一尝而惊唇，赞不绝口。就连梁实秋先生也爱啊，他在一篇《烙饼》中，还特意提到了盘丝饼：“清油饼实际上不是饼。是细面条盘起来成为一堆，轻轻压按始成饼形，然后下锅连煎带烙，成为焦黄的一坨。外面的脆硬，里面的还是软的。山东馆子最善此道。我认为最理想的吃法，是每人一个清油饼，然后一碗烩虾仁或烩两鸡丝，分浇在饼上。”

梁实秋先生说得极是，这清油盘丝饼很是精细，所以做来也是极其烦琐的。所谓“盘丝”，要将面抻至极细，细如银丝龙须，要像黄庭坚作的一首诗所说“汤饼一杯银丝乱，蒌蒿数筯玉簪横”一样，所以这盘丝饼还有一个名字叫“一窝丝”。而所谓“清油”，是相对荤油而言，做盘丝饼时,抻好的面要刷油以防粘连，再盘成圆形煎烙。荤油，会冷却凝固，所以不可取。而山东盛产花生，花生榨油自是香醇，做盘丝饼最是香。

我曾两次带央视的栏目组去拍盘丝饼，有幸观摩了做法，很是佩服。取新麦粉，温水化盐；若是甜食，就化糖水，徐徐倒入，搅拌均匀，面揉三光，稍饧片刻，复揉之。搓直径1寸左右的长条，手抓面条两端，摔打于面案，挥舞于半空，如是反复数次，直如银蛇狂舞。再两端对折，上下微抖，向外抻拉至半丈余，两手手指交叉，于条面两端抻拉，撒面、对折、抻拉，如此反复。抖动之下，犹如惊涛骇浪，令人拍案叫绝。观其过程，需要揉、搓、摔、打、抻、拉、扣，不亚于精钢百炼，大工琢玉。

至此，面根根细如发丝，达千百根。将两端面头去掉，取利刃，按剂量将面丝分段，浸在清油中，挥毛刷，蘸新榨花生清油，细细刷遍，稍饧。从面丝分段一端，抻拉延伸，顺时针盘转，卷成圆形，另一端压于面剂之下，复用手轻轻按压，成直径3寸余的圆形饼状。至此，盘丝饼坯就好了。

饼坯既成，铁煎鏊中，少入素清油，烧至六成热。盘丝饼坯依次放入，中火烙制一面，待烙黄挺身，持锅铲，翻身烙反面，两面微黄，复加素油，鏊内保热，直至金黄烙熟。烙好的盘丝饼，稍晾待凉，用一根筷子微捅饼芯，用手捏挤，将丝抖开，放入盘内，千条细细的“金丝”宛如菊花瓣轻轻散开。

此刻撒上白糖、青红丝，面丝条细均匀，丝不并、不断、不乱，金黄透亮。送入口中，顿时感觉无数根纤细的面丝在嘴里折断，酥脆甜香，味甜爽口。这是甜食的盘丝饼，当点心吃的。梁实秋先生说的清油饼配烩虾仁或烩两鸡丝，那是更家常的，做主食面食吃的。吃起来外层酥脆，内瓤却是油润暄软的，抻面丝的时候就不需要抻得太细了。

既然说到这儿了，就说说梁实秋先生说的烩两鸡丝吧，这也是道老济南菜，不过现在很少有人做，也很少有知道的了。买一只刚出锅的热扒鸡，拆下最嫩的胸脯肉，撕成细细的鸡丝。一只活鸡，宰杀洗净，取鸡里脊里最嫩的两条鸡牙子，切丝，用蛋清、精盐、水淀粉腌渍上浆，温油滑汆过。用吊好的清汤一碗，先烩扒鸡丝，再下滑好的鸡里脊丝，用胡椒粉、精盐调味，点儿滴秋油染色。待汤微微沸滚时，勾薄薄的芡，淋鸡油，就好了。

这道菜我只在菜谱中见过，却没吃过，不过想想就美。扒鸡丝香醇，鸡里脊丝滑嫩，汤又鲜美，自然就好，不然梁实秋先生怎么会念念不忘。

扯远了，还是说盘丝饼。有人说盘丝饼起源于烟台福山的抻面，且说清末薛宝辰著的《素食说略》中有详细记载，但我查阅多遍，并无记载。倒是关于拉面，《素食说略》中是这么说的："以水和面，入盐、清油揉匀，覆以湿布，俟其软和，扯开细煮之，名为桢条面。做法以山西太原、平定州，陕西朝邑、同州为最。"

我突然明白了，这是以《素食说略》来说明烟台抻面的来源，可人家明明说的是山西和陕西啊。君子不掠人之美，美食的渊源考究当以文载为主，牵强附会、生搬硬套只会惹人嘲笑。济南的油旋，说是清康熙时嘉兴顾仲《养小录》有记载，我查阅了也不是那么回事，这个以后说。

讲一下我听说的盘丝饼的故事。是20世纪30年代，济南经三纬四路口有家"又一新"饭馆，饭馆的纪善祥师傅跟北平面点师王庆国制作盘丝饼闻名泉城，京剧艺术家梅兰芳、尚小云、奚啸伯等名角品尝后赞不绝口。济南城素有"到北洋剧院听戏，品又一新盘丝饼"的说法，后来原济南老店汇泉饭店做的也是不错。然历史变迁，加之制作烦琐，利润又少，盘丝饼日渐消亡，现在肯做、会做的饭店也不多了，而且就算是能做的，也鲜有做得出色。挺可惜的。

以前曾经带央视栏目组拍济南美食，到济南泉城大酒店拍清油盘丝饼，我随手拍了一组图片。其实，很难用几张图或者一个视频来记录一个盘丝饼的制作过程，展现其制作的烦琐程度。和盘丝饼一样，很多有着老传统和老规矩的老鲁菜和老面点都逐渐消失和退出了餐饮市场。有些遗憾，我却很理解，这里面的原因很复杂，有来自餐饮市场的，有来自社会层面的。吃不到了，就记录下来，让这些老规矩让后人还知道，有一天，再吃到，会高兴。

琉璃里腔和汪曾祺先生的拔丝羊尾

有一次夜读汪曾祺先生的书《五味》，读到先生在内蒙古吃手把肉，不禁垂涎三尺，特别是读到“我在四子王旗一家不大的饭馆中吃过一次‘拔丝羊尾’。我吃过拔丝山药、拔丝土豆、拔丝苹果、拔丝香蕉，从来没听说过羊尾可以拔丝。外面有一层薄薄的脆壳，咬破了，里面好像什么也没有，一包清水，羊尾油已经化了。这东西只宜供佛，人不能吃，因为太好吃了！”更是忍不住食指大动，口水四溢。

先生说的羊尾巴，可是大香。我在北京一老爷子家里吃过他做的一样小吃，叫“蒸而炸”，就是用极其肥的羊尾油，和西葫芦一起调馅，用烫面包成大个的弯月形包子，上笼蒸熟了，再下油锅煎炸黄灿就得了，剥一头紫皮蒜捣蒜泥，添陈醋，这“蒸而炸”蘸着醋蒜泥，一口咬下，那个香啊！虽然很多人嫌膻味太重，但我倒不觉得，吃羊就得有点膻味才对，没有了膻味何必要

吃羊呢？

虽然没吃过汪老爷子吃的这拔丝羊尾，但想想就美。油香肥腴的羊尾，再加上拔丝缠绕的甜香，一口下去，先是脆脆的淀粉糊的酥和甜，接着就是融化成液状扑鼻香的羊油，所以先生说的对啊，这口，宜供佛。

这道拔丝羊尾，让我突然想起了博山的一道甜品菜“琉璃里腔”来。“里腔”这个词很怪，只有博山人这么叫。其实所谓“里腔”是“里腔油”的简称，也就是猪油。猪油，又俗称大油、荤油，是猪内腔的油脂部分，所以博山人叫它“里腔油”。而“里腔”又分板油和花油两种，仅在猪膛两边排骨上的各一块油叫板油，而缠绕在猪肠上的油叫花油。做琉璃里腔要用板油，因为板油才够肥、够香啊。现在讲究的不多了，多用肥肉代之，却输了“里腔”那一种香。

挑白若玉雪足够肥腴的里腔肉，切寸长的条，鸡子儿两枚，磕入碗中，添生粉，和成浓稠得宜的蛋粉糊，把里腔条放进去拌匀。生炉火，热油锅，把被蛋粉糊包裹着的里腔条逐条下锅，炸两遍，直到金黄灿然，猪油在粉糊中似融非融之时，用笊篱把里腔条捞出。

在炸里腔条的同时，另起锅，用少许油，加大把的冰糖，来熬糖浆。这真是个功夫活，火候往往只在一瞬间，靠的全是厨师的眼力和经验了。炉子微弱的火苗舔着锅底，要小心地、慢慢地搅拌。一锅微微沸腾的糖浆，咕嘟咕嘟地翻滚着黄色的糖泡，慢慢由稀变稠，像一锅黏稠的琥珀。

当看到糖浆由浅黄色冒大泡转为深黄色冒小泡时，迅速端锅离火，放入同时炸好的里腔条，然后不停地颠翻炒瓢，使熬好的糖浆均匀粘裹在里腔条上。如果这时候盛盘上桌，就是拔丝的做法了。如果倒入瓷盘内，迅速用筷子拨开，不使其互相粘连，然后在通风处晾透，里腔条随着温度的降低，表面均匀地硬结成一层晶莹透亮的琉璃硬壳，然后装盘上桌，那就是这道琉璃里腔了。

这道琉璃里腔好看极了，棕黄透明，形似琉璃，若是晚上宴席，在灯光下，光影流转，熠熠生辉，妩媚得让人不忍下箸。而吃起来，入口，咬开，外壳酥而脆，咔嚓咔嚓地在唇齿间跳跃，酥脆之后，就是糖浆的甜，由舌尖层层递进，接着就是里面的里腔似融非融的油润丰满，香的啊！口水和着油一起流淌，那感觉是从口腔直冲脑门的幸福的眩晕感。

博山的这琉璃里腔和汪曾祺先生吃过的拔丝羊尾，在做法上，一种是拔丝，一种是琉璃；在食材上，一种是羊尾油，一种是猪板油；在口味上，二者却都是甜口，都是酥脆和油香。这琉璃里腔也算是和汪先生吃的拔丝羊尾在舌尖殊途同归了吧？

我突发奇想，如果汪先生吃到这道琉璃里腔，会如何评说？先生已逝，不好揣摩。那我说一句吧，如果说那道拔丝羊尾只宜供佛，那吃这口琉璃里腔，能升天啊！

脯酥鱼和糖醋棒子鱼，一条“猴子鱼”的花开两朵

山东人请客宴席是有讲究的，一席宴会的结束，通常都要以一条鱼来收尾，图一个“年年有余（鱼）”的好彩头。

老鲁菜里有一道脯酥鱼，还有一道棒子鱼，很是好吃，不过现在已经很少有人做了，知道的人也不多了。有一次，有朋友自北京来，我请他们吃饭，于是找了个老馆子，请邓君秋师傅做几道现在已经没大有人做的老菜吃。邓师傅用猪肚头和鸡胗做了汤爆双脆，用肥肠做了九转肥肠和龙眼大肠双拼，用大虾做了烧虾头、芙蓉虾段两吃；春天到了，鲜嫩的蒲菜刚下来，就做了道锅塌蒲菜吃；鲜花椒芽呢，炸一个吃；鸭子呢，做了道芙蓉鸭子。都是一些老鲁菜，现在很多人都不知道了，我也是好久没吃到了。

至于最后上桌的鱼，因为糖醋鲤鱼实在是吃腻歪了，就央求邓师傅，用一条“猴子鱼”，取两片鱼扇，做了道脯酥鱼和棒子鱼两吃。不闻此味久矣，乍地里又吃到，唏嘘不已。

一盘之内，鱼头鱼尾油炸摆盘，头翘尾翘鳍翘是谓三翘，脯酥鱼和棒子鱼分列两边，煞是好看。脯酥鱼片堆叠如山，嫩白若雪，如层峦叠嶂，如涛卷起千堆雪。而棒子鱼，诚如其名，如一支颗粒饱满的玉米，卧在盘中，一勺糖醋汁儿兜头淋上，红艳油亮得诱人，而油菜装饰的玉米叶儿却是翠绿欲滴的，让我想起了以前给棒子鱼写过的一段文字：一条在水里一天到晚游泳的鱼，却偏偏在这个秋季，要化身

黑土地上的一支玉米，在秋风里，诉说丰收的喜悦和甜蜜。

这两道菜做起来都是有讲究的。

脯酥鱼片，所谓“脯”，一是因为用的是鱼扇也就是鱼脯，鱼身上最肥嫩的地儿，二呢，“脯”是说要将鱼扇片成大片来做，且要厚，方才能称为“脯”。至于“酥”呢，说的是口感，吃口儿要酥，要有酥软和酥香两种味儿才对。

所以这脯酥鱼，烹法用的是“炸”。先将鱼的头、尾、皮、刺、骨去掉，取两边两片鱼扇，抹刀片大而厚的鱼片，加葱椒绍酒和盐略略腌渍；取鸡子四枚，仅用蛋清，用一双竹筷同一方向搅打上劲，要至筷子插于其中立而不倒，此时再加生粉搅打成雪丽蛋泡糊；鱼片薄薄地拍一层干淀粉，裹蛋泡糊，一片片下锅油炸，油温四成即可，炸至挺身，捞出，复炸一遍，至鱼片外糊酥脆，鱼肉却是软嫩，嫩白若象牙，捞出来控一控油，盛在盘里一片片摆好；然后呢，取冬笋一支，冬菇几朵，火腿一块，或洗净了或泡发了，都切片，烹饪讲究的是片配片，丝配丝，块配块。炝锅，添清汤一勺，下笋片、菇片、火腿片，还有菜心几朵，勾个薄薄的芡，讲究一点的再用鸡油封一下，淋在炸的酥酥的鱼片上，一道脯酥鱼就得了。

雪丽糊炸得酥脆的，鱼肉呢，却是软嫩的，有油炸的油香，又有浇汁儿的清香，真的好吃。

糖醋棒子鱼，这道传统鲁菜挺有意思的。山东人管玉米叫“棒子”，知道了这个缘故，顾名思义，做成“棒子”模样的“棒子鱼”也就好理解了。

鱼呢，也是先将头、尾、皮、刺、骨去掉，取鱼扇一片，打十字花刀，腌渍过后，拍一层薄薄的干淀粉，入锅中油炸，鱼肉遇热卷曲，刀口向皮面卷去，就像一粒粒饱满的玉米粒儿绽开，所以就有了“棒子鱼”的说法。鱼炸好后摆在盘里，用油菜做两片玉米叶儿点缀上，就真的像一支玉米棒子横卧在盘里了；然后，炒一个热热的糖醋汁儿，一定要用洛口醋来烹才够酸香，和糖醋鲤鱼是一个味型儿，兜头淋在这炸好的棒子鱼身上，色泽黄灿中泛着绯红，形态逼真，外酥里嫩，酸甜味美。

还有一个做法，是看了一个以前崔义清老爷子的老鲁菜谱子了解的，棒子鱼在烧汁儿的时候，加些海参丁、笋丁、虾仁、青豆儿来配色，一道菜红黑绿白黄五彩斑斓，想起来就觉得诱人。这种做法我没吃过，但看配料应该是咸鲜口的才对。

这脯酥鱼据说还有个典故，来源于“王祥卧冰求鲤”故事：“在晋朝，琅琊（今山东临沂）有个叫王祥的人，是个至孝之人。早年丧母，继母朱氏常在王祥父亲面前数说他的是非。于是父亲也不喜爱他，总是让他打扫牛棚。王祥则更加恭敬和谨慎。父母生病时，衣不解带，煮好汤药自己品尝冷热后再端上去。有一年冬天，继母朱氏生病想吃鲤鱼，但因天寒河水冰冻，无法捕捞，王祥便脱衣赤身卧于冰上，忽然坚冰化开，从裂缝处跃出两条鲤鱼，王祥喜极，持归供奉继母。继母最终被王祥的孝心感化，把他视为自己的亲生儿子。”这个故事后来就被收入《二十四孝图》中。

脯酥鱼这道鲁菜融入了这个发生在鲁地的典故，取其鱼片叠趴如同王祥卧冰之形态，更融“百善孝为先”的孝心的故事。不管真实情况如何，倒是有一片真情在里面，吃菜品味思理，我觉得挺好的。

我曾写过一篇《一条鱼的36计》。《三十六计》何时何人所撰已难有确考。兵书分为6套，即为“胜战计”“敌战计”“攻战计”“混战计”“并战计”“败战计”；每套又各包括6计，共36个计谋，其计名皆是耳熟能详、妇幼皆知的成语典故，每一计都透着果敢和智慧。而一条鱼，若细细研究，也蕴含着36种味道，骨肉之间深藏美食乾坤。六六三十六，数中有术，术中有数。烹饪之理，计在其中。

至于棒子鱼呢，我把它归为《三十六计》第2计之偷梁换柱。原典说：“频更其阵，抽其劲旅，待其自败，而后乘之，曳其轮也。”想想这棒子鱼也符合这一条，看着是支玉米，实际上却是条鱼，偷梁换柱，偷鱼换棒子，以假代真，让人佩服，又为美妙的滋味所吸引。

有些意思吧？

对了，还得说说做这道菜的这“猴子鱼”。做脯酥鱼和棒子鱼，用大黄鱼来做最是好吃，而黄鱼贵稀且以前交通不便运输，济南人一般爱用草鱼来做。草鱼呢，有个名字叫“厚子鱼”，济南人叫着叫着，就谬传为“猴子鱼”了。我那天吃的脯酥鱼和棒子鱼，就算是一条“猴子鱼”的花开两朵吧？

也有些意思。

始于1875年的济南九转大肠简史

九转大肠，是始于济南大明湖畔的名菜。

唐代的小说集《西阳杂俎》有一段记载：“历城北二里，有莲子湖，周环二十里。湖水多莲花，红绿间明，乍疑濯锦。又渔船掩映，罟罾疏市，远望之者，若蛛网浮杯也。”这本书的作者，叫段成式，是晚唐山东邹平人。这莲子湖，说的就是大明湖的前身。

北宋有个人叫曾巩，是唐宋八大家之一。神宗熙宁四年（1071年）至熙宁六年（1073年），曾巩曾因知齐州（今济南）军州事而在济南宦居两年。那时候，莲子湖多生水患，曾巩为官治理，锁定了大明湖的格局，直至今日。而大明湖的北面则形成河网密布的水田藕池，不亚于江南水乡，所以宋代诗人黄庭坚有诗句称赞道："济南潇洒似江南。"

大明湖的南岸，旧时有很多街巷，其中有一条街，叫后宰门街。我有个亦师亦友的年交，牛国栋老师，对济南的历史很有研究。他有一本书叫《济水之南》，整理了很多老济南的掌故。关于后宰门街，他是这么说的："明清时，从北京到各地，王爷府的后门（北门）一般称为厚载门，取'厚德载物'之义。但济南人以讹传讹，将明德王府的后门称为后宰门。北门外这条东西走向的狭长街巷遂以此命名。东起县西巷北首，与旧县衙相邻，西至曲水亭街与文庙、芙蓉街相连，即所谓'芙蓉街，西奎文，曲水亭街后宰门'。南边经珍池街与院后街相通，北面与南北钟楼寺街、岱宗街相接，直达大明湖南岸。"

说起这后宰门街，不为别的，是因为传说九转大肠就始创于这条街东首路南的由富商杜氏与郜氏所创的"九华楼"饭庄。当年的九华楼面积不大，但建筑很是考究，木门窗、花窗棂，临街北楼拱券门两侧各有一圆形花窗，楼南面的天井中有泉井汩汩而流。东面、西面和北面各有一两层楼回绕成"凹"字院落，上下共十间，很是气派。当年它与庆育药店、同元楼饭庄、远兴斋酱园可是并称为后宰门街四大名店的。

传说九华楼的店主杜氏，名叫杜九龄，因为名字中有个"九"字，而且此人崇佛好道，对道家"九九归一"之说很是推崇，所以认为"九"这个数字颇合自己命理，不仅名字带"九"字，所开的九家商号都冠以"九"字，开的饭庄自然也就命名为"九华楼"了。

杜九龄的九华楼，菜品以猪下货菜见长。清光绪初年某日，杜掌柜宴请宾客，厨师于长宝在"红烧大肠"基础上，再所创新，做出了一道色香味形俱佳的菜品，色泽红润透亮，酸、甜、香、辣、咸五味俱全，受到宾客们赞誉。有宾客感其口味复合、烹饪复杂、技艺精湛，提议将此菜命名为“九转大肠”，一是取悦主人的“九”字癖，二是形容其烹饪如炼道家九转金丹。杜掌柜大喜，遂将这一菜名确定下来。

因了这段典故，我曾经做过一篇《九转大肠赋》，附庸风雅，狗尾续貂，附录如下：“九转大肠，济南名菜。光绪初年，明湖之畔，后宰门巷，九华酒楼，店主首创。掌柜姓杜，名不可详，日进斗金，泉城富商，喜‘九’字之吉祥，故设店铺九房，所取字号，亦皆冠‘九’字名坊，九华酒楼，遂源远流长。

“所聘司厨，名师高手，烹制下货，更是讲究。一味烧大肠，问鼎饮食金榜。取猪头肠，沸水汆烫，盐醋白矾搓洗，旺火煮香，挥利刃，改刀七分长，复汆烫，待之微凉。燃丹焰火，起油锅，下大肠，炸至金黄，取出置之一旁。上锅炒糖，至猪血红色，下炸之大肠，加蒜葱姜，下酱油、醋、糖、料酒、清汤，烧煨汤浓稠欲干，复放砂仁、肉桂、胡椒粉面，后加麻油、花椒油更添香，三翻六转，颠翻均匀，盛入碗内，撒上芫荽末。待其成，盛入碗内，入口醇厚，红润透亮，肥而不腻，酥烂异常。借他人诗赞之：先煮再炸后又烧，清水涤油浓汤熗，肥而不腻五味到，香气荡漾舌间绕。虽为俗物，登得雅堂。

“九华楼主，以此宴赏，宾客皆红唇称赞，白牙誉香。一文士提议，‘红烧’之说，不负味长，当取雅号，声名远扬，遂迎合店主喜‘九’之癖，赞美司厨高超之手艺，取名‘九转大肠’，同座皆疑，俱问典藏。曰烹此美肴，三翻六转，犹道家“九炼金丹”，飨此美肴，如服仙丹，口福同享。于是举桌叫绝，为之哄堂。自此，‘九转大肠’之名声誉日盛，传承百载，斗转星移，岁月沧桑，八方宾客，慕名品尝，百年之味，历久弥香。”

从此以后，九转大肠这道菜，开了以猪下货为原料制作主菜上大席的先河。济南各字号酒楼均纷纷效仿，使这一菜品名扬四方，成为鲁菜的经典。

民间传说便是如此，即使现在介绍九转大肠菜品时，大多都也持有这个说法。但传说终归是传说，我查阅了很多资料，未见有严肃的文字记载，还是不够严谨。这一点上，还是有待考究的。

在我见过的饭店菜单中最早有九转大肠这道菜记载的，是一家叫明湖春的酒楼。

我写历下双脆的时候写过，我在哈尔滨有个朋友老宋，是个真正喜欢研究美食的人。很多年前，他收藏了一本民国时期《明湖春菜社点菜一览薄》，此“明湖春”地址在上海四马路大新街口，菜谱封面上印有“平津济南”字样，显示此店在北京、天津、济南均有店面。后来，他开始关注收集“明湖春”的资料。我在老宋发来的20世纪30年代在上海开的济南菜馆“明湖春”和1938年哈尔滨“宴宾楼”的菜单上发现了九转大肠的菜名，不过写的是“九转肥肠”，所以有历史考究记载的才是对的。感谢老宋老师，我以后还是得多看书多学习。

而现在我见到的最早记载九转大肠制作方法的菜谱，是1959年9月由商业部饮食服务局编写、轻工业出版社出版的《中国名菜谱·第六辑》“山东卷”。这本菜谱记录了山东具有代表性的名菜145种、小吃18种，是较为写实的一部关于山东饮食的食谱。而且在《中国名菜谱·第一辑》“北京卷”中也收录了九转大肠这道菜。

我有幸拥有一本1959年3月由当时的济南市商业局编印的《济南名菜》，不是印刷书本，而是很珍贵的由当时征集的厨师手写版的复印本。这也是《中国名菜谱·第六辑》“山东卷”的征集版，是我一个在餐饮业多年的老哥送的。实在是幸运。

《中国名菜谱第六辑》收集了张继兴师傅的14款名菜，其中就有九转大肠这道菜。《中国名菜谱第六辑》收入袁兆麟先生7款菜品，其中也有九转大肠这道菜。书中记载了济南名厨张继兴师傅和袁兆麟师傅的两种九转大肠迥然不同的制作方法。关于两位师傅的生平，我还读过一些文史资料，抄录如下：

“张继兴师傅是20世纪初的名厨，幼时在济南燕宾楼随名厨丁洪轩、赵长龄学习烹调技术，学成后在宏文达、东鲁饭庄掌做。张继兴

善于烹制许多山东名菜，特别是对菜的炒汁煮汤及色味方面有独到之处。

“袁兆麟是张继兴同时代的人，他的手艺来自家传，据称他的父亲是清同光年间的御厨袁发。清帝逊位，袁发出宫，袁兆麟自幼随父学艺，从清光绪年间以来，在济南市兴城楼、百花村、源兴楼等饭店，以及北京、天津、沈阳、西安等各地名菜馆任厨师，对鲁菜的烹调有丰富的经验。

“袁兆麟师傅的烹制特点是遵循旧法，讲究色、味和火候，专以奶汤和清汤调味，不用味素，因而自成一派。特别是他的‘炒虾仁’与众不同，一望便知为袁师傅所做，顾客盛赞为‘袁家菜’。”

张继兴师傅和袁兆麟师傅都是名厨，做的九转大肠自然是滋味绝妙。但看到他们在《中国名菜谱·第六辑》书中的做法，却又有很大的区别。

袁兆麟师傅的九转大肠，在大肠的粗加工时，采用的是白矾搓洗法，先用白矾洒在大肠上，搓洗后，用清水洗净，再将肠的两端用麻绳捆住，用清水煮烂，改刀成六分大小的块。在烹调上，是先过油，将大肠炸成红色，然后放清汤漫过大肠，再加深色酱油、醋、白糖、料酒，当炖至汤将干时，放入葱末、蒜末、胡椒面、肉桂面、花椒油，盛入碗内，再撒上香菜末。

而张继兴师傅的九转大肠，大肠初加工时，采用的是沸水氽烫后，用盐醋搓洗法，即先把猪肠翻过来，用清水冲洗后放入开水稍氽，捞出后撒上盐、醋，搓洗肠上的黏质物，并冲洗干净。然后翻过大肠头，摘去脏物，但洗肠时肠上的油不可洗净。煮大肠时，旺火煮4小时至烂，改刀为长七分的段，再用沸水氽过。烹制时，先炒糖至猪血红色，然后下大肠煸炒上色，加葱姜末及酱油、料酒、清汤，煨至汤将干时，再放砂仁、肉桂面，最后放蒜末、香菜末、花椒油，颠翻均匀出勺即可。

从中可见，张继兴师傅和袁兆麟师傅的做法区别有三。首先，在大肠预加工处理时，袁兆麟师傅用的是白矾搓洗法，而张继兴师傅用的是用盐醋搓洗法。其次，在烹饪时，袁兆麟师傅是先煮再炸后烧，肥肠要过油，最终口感是酥而烂，而张继兴师傅是先煮再烧，大肠不过油，最终口感上是软而嫩。再次，在调味上色时，袁兆麟师傅是用酱油和糖煨来上色，颜色红亮，而张继兴师傅是先炒糖色嫩汁来上色，色泽是枣红鲜润。

虽然两位师傅的烹调之法有所差异，方法不同，各有千秋，但这两位师傅的版本都强调了一点，九转大肠的味道是“酸甜苦辣咸，五味俱全”。酸来自醋，甜来自糖，苦来自砂仁和肉桂，辣来自胡椒，咸来自盐。除了这些，还有料酒、清汤、花椒油、葱、姜、蒜、香菜等众多调味料，这些味道复合起来更添无穷滋味。

关于这段历史，烹饪饮食理论教授张廉明在他1986年参与编写的《烹调小品集》中多有记载。张廉明先生还对这两位师傅的做法从烹饪角度做出了一些指导。抄录如下：

“再细究起来，‘九转大肠’的烹制方法属于‘济南红烧系’。烹饪中的‘烧’，分很多种，如红烧、葱烧、白烧、辣烧、扒烧、酱烧、煎烧、软烧、煸烧、锅烧、虾子烧、黄葱烧、素烧等。

“张继兴师傅烹制大肠时只过水而不过油，按照《济南菜》中‘软烧豆腐’一菜说明中的解释，原料在红烧前不过油，谓之‘软烧’。因此，张师傅‘九转大肠’的做法应属于‘软烧’。就济南菜的风味特点来看，烧菜炒糖汁，是历下风味菜的突出特点，其风格是注重火候，滚油炒糖，瞬间变色，手法极快。由此看来，张继兴师傅的做法是历下风味。

“另外，按照烹饪行业‘逢烧必炸’的惯例，袁兆麟师傅烹制的‘九转大肠’，应该属于‘红烧’。袁兆麟师傅‘九转大肠’的制法比较稳妥。先将大肠炸上颜色，烹清汤后再放各种调料，慢慢地调口，一般不会煳锅，又能很好地把握口味，且最后放小料及香料，不会使香料焦煳发苦，这在济南菜的传统做法中仍有流传。”

我还查过另一些资料得知，除了济南，鲁西、鲁中、胶东对九转大肠这道菜也有不同的理解和烹饪技巧。例如，1987年由聊城市饮食公司刁书文先生整理编写的《鲁西菜点谱》，共选录菜肴525种，面点

105种。这本菜谱基本上代表了鲁西风味的精华，其中就有九转大肠的制作记录。不过，书中的菜品名称为“九转肥肠”。据整理本菜谱的刁书文先生说，鲁西关于“九转”的解释是猪大肠这个部位共有九个弯，九转肥肠就是烧猪大肠。其具体做法与张继兴师傅差不多，只是香料把砂仁、肉桂面换成了芫茴和白芷面，成品金黄油亮，香酸辣甜，爽口健胃。

而在九转大肠的发源地济南，后人对袁兆麟师傅和张继兴师傅两种做法都有传承和演绎。在崔义清老先生和他的门生崔伯成编写于1989年由山东科学技术出版社出版的《鲁菜》中，“九转大肠”的制法与张继兴师傅的基本相同，被认为是济南传统风味的传承。我在《齐鲁周刊》工作时，曾经做过一个选题“寻找鲁菜”，特意去采访过崔义清老爷子。他16岁学厨，先后任济南三大鲁菜名店聚丰德、汇泉楼、燕喜堂的主厨。老爷子于鲁菜的历史，也是济南鲁菜的变迁史。回忆起鲁菜往昔的那段日子，当年87岁的崔老爷子慈眉善目中透射着真挚光彩。现在老爷子已经走了很多年了，想起来不胜唏嘘。

现在，随着生活水平的提高，人们对于口味和健康营养的要求也逐渐提升，高脂肪高蛋白的大肠及高糖高油的口感使得九转大肠这道菜有些受了冷落。所以现在很多饭馆对九转大肠这道菜多有改良。九转大肠成品摆盘时，有的配了黄瓜墩，有的配熗红果。一则增色，红肠，绿瓜，红果，红绿相间煞是好看；二则解腻，大肠甜糯与黄瓜、红果清爽交融。如此改变我觉得很好。

当年这道菜的发源地九华楼，后来也渐渐衰败下去。牛国栋老师的《济水之南》记载了这段历史：

“九华楼后来几经转手卖给一位经营大鼓和麻袋的生意人戴立尧为住宅。入口券门上方有三个石刻大字‘九华楼’，后来石刻文字被抹上厚厚的三合灰盖得严严实实，老字号也渐渐被人遗忘了。戴立尧的外孙盛长贵自1947年出生后不久就住到这处楼院里，对这里的一切充满深情。2000年，盛长贵将门口石刻匾额上的灰皮铲去，“九华楼”三个端庄大字显露出来，常常引来路人好奇的目光。县西巷拓宽时对是否拆除这座建筑有很大争议，后来采取了拆除异地重建的方案，拆下的石头、砖头也编上了号。在保护性修复的武岳庙内，九华楼重建起来。整体模样与原建筑相差不多，只是建筑朝向由原来的坐南朝北改为坐西朝东。房子自然也新了许多。那块刻着‘九华楼’三个字的石匾还保留在文物部门的库房里。”

后来的后来，我朋友在堤口路以前老趵突泉啤酒厂改造的D17文化产业园做了一个摄影工作室，我去找他玩，突然发现园内开了一家鲁菜馆，门口牌匾书写“九华楼”三个字。我不知道这和以前的“九华楼”有何渊源，但看到老字号的重生，还是心存欣慰。

而且说起来，单以味道来说九转大肠，不足以解这道菜的妙处。《辞海》有释：“九转”者，反复烧炼而成。吕温《同恭夏日题寻真观李宽中秀才书院》诗曰：“愿君此地攻文字，如炼仙家九转丹。”故以“九转”喻烹饪之用料齐全、工序复杂，精烧细炼，方可谓恰如其分。进而思之，一菜如此，人生更当如此，百炼成钢，方不负来人生一遭。

九转大肠的味道，我文拙，引大董先生一段美文：“大肠入得口来，轻合双齿，顿觉汁液汩汩沁出，酸溜溜，甜沙沙，咸滋滋，柔和香醇。食之快意，嗅之美妙，与味之神奇糅于一体，满口幽香。嚼至过半，有胡椒丝辣味，从舌底涌出。砂仁、肉桂面的香苦也不甘示弱，此时真是酸、甜、苦、辣、咸五味俱全，却又逐次递出，妙趣横生。”

我还记得，牛国栋老师的《济水之南》记载了这道菜源于光绪初年店主杜氏的一次宴请，那一年，是公元1875年。

在舌尖上迎娶大明湖畔穿着婚纱的雪丽白荷

一朵白荷花，盛开在七月的夏。在凌晨采下，用一捧红豆碾做春泥，在花瓣间涂满夏的思念和甜蜜。穿一身雪丽的白婚纱，然后，让味蕾，迷醉在这个夏天里。

以前，济南遍城皆泉，有名者七十二处，故称“泉城”。群泉汇流，入济南旧城北低洼处，成一湖，名曰大明湖。环湖皆柳，水中遍荷。但、随着多年的城建，现在的大明湖，南与五龙潭被趵突泉北路相断，北面已填平为北园镇，这“半城湖”早就不复在了。幸好，荷花与柳树尚在，让人尚有一丝对昔日美景的念想。

大明湖最美的季节是初夏，绿柳垂金线，无尽的翠翠荷叶间便悄绽了亭亭的荷花，随风摇曳舒展，远望去，好一幅“荷红苇翠映碧水，草长莺飞满锦塘”的美丽景色。

荷花是极美的，莲梗挺拔着，花蕾硕大而且雅致。有的昂然盛开，亭亭地玉立着，散发着淡淡的幽香；有的还只是新苞，初露尖尖角，半掩半盖成瘦瘦的一株，别有一番娇羞颜色。荷花儿多是白色的，也有红色的，琼叶田田中，花儿绰约生姿，摇着媚笑儿，弥漫在清香的水气中。看这花儿、这叶儿，不禁想起朱湘先生的《采莲曲》来：小船儿轻飘， 杨柳呀风中颠摇；荷叶呀翠盖， 荷花呀人样娇娆。……薄雾呀拂水……

荷花不仅美，入馔更是好。济南有一道菜，叫雪丽白荷，就是用白荷花做的，吃起来很是甜美。

要论赏荷花，我更喜欢白荷花的雅致，红荷花就有些落了俗套了。而且仅就吃食来说，白荷花清香怡人而红荷花却略有清苦，就连白荷藕也比红荷藕来得清脆。吃白荷藕，切不可用刀切，遇铁就沾染了俗味，要用荷叶包起，用拳头轻捶，就脆裂成块，就像脆梨一样，脆甜脆甜的，下酒最好，而且不需要用白糖或蜂蜜来提甜味，否则就画蛇添足了。至于红荷藕，淀粉够足，煲汤最好。

用荷花入菜，我听韩一飞兄说过一道“湖菜鸡块”。白荷花只取花瓣，割去梗部，在沸水里一过，再与白莲子、茭白、蒲菜一起用高汤“渡”一“渡”，才下锅炒，最后下滑过油的鸡块，兜匀，少许清汤打芡，即可出锅。这道菜是一道济南老菜，早已经无人再做，我无缘一尝，也只能在一飞兄的描述中，想象那一番味道了。

吃不到湖菜鸡块，但我吃过用白荷花做的“雪丽白荷”，也带央视“吃货传奇系列节目栏目组”和《消费主张》栏目组两次拍过这道菜。

这道雪丽白荷要用到的白荷花，最好是清晨顶着露珠采撷下来的，那时候的白荷花是似开非开，含苞欲放，像一个似拒还迎的白衣女子。这让我想起了金庸先生笔下的小龙女，白衣飘飘，宛若仙子。若是拿琼瑶笔下的夏雨荷来比喻，却有些俗了。非要清晨来采不可有一个原因，那就是若等到朝阳升起，白荷花开了，香气似乎就散去了，那股子韵味就大打折扣了。

白荷花采来，摘去花心，用清澈的泉水将叶瓣逐片洗净。当年的新红豆用泉水泡过，再用小火煮得稀烂，细细地碾成豆蓉，手指捻过要像细细的沙才够好，然后在一片白荷花瓣上密密地抹上一层豆沙蓉，再盖上一片白荷花瓣。一飞兄说，传统的做法是顺着长边对折，用蛋清黏合，而不是两片叠加。但现在人没那么讲究了，我吃的就是两片叠起的。

然后就要挂上雪丽糊，下油锅来炸。所谓雪丽糊，也叫蛋泡糊，是用蛋清搅打上劲，要至雪花白絮状，筷子插于其中不倒，抑或是倒转盆而不落，此时再加淀粉拌匀成蛋泡糊。此中关键是雪丽糊要顺时针一次搅打成型，并要立即挂糊下锅浸炸。若分次搅打，则雪丽糊不够饱满，且不易附着，炸出的菜肴也没有膨胀之感。

炸雪丽白荷油温不能高，油三四成热时就下锅，因为吃的是荷花的清香，油热就如同焚琴煮鹤。荷花本是娇嫩之物，所以待雪丽糊炸酥脆即可。将花心放在盘中央，炸好的雪丽白荷在盘周摆成荷花形，浇一勺桂花酱。吃来，先是桂花香甜，再是荷花的清甜，最后是豆沙绵甜，几种甜味由舌尖依次而来，真是妙。一朵白荷花就像一个白衣仙子，而一道雪丽白荷，吃在嘴里，就像在舌尖迎娶一个俊俏又甜美的姑娘，满是生活的味道。

还有一次，我去长春，烹饪大师侯胜才老哥带我吃到了一味传统吉林菜——雪衣豆沙。它是和雪丽白荷很相似的一道菜。

初上桌，我就颇为喜欢，只见蓬松鼓泡像棉桃似的一团，白黄胖胖的，憨态十足，隐约透出豆沙的绛红色，上面撒着细细的白糖，雪衣之名应该由是而来。入口，外面是浓郁的蛋香、油香，香甜而绵软，而包裹的豆沙馅绵绵的、甜甜的，混合着猪油的独特香味，还有豆香，在口中甜香、软糯、滑爽数味缠绵，好吃极了。

同行的哈尔滨兄弟小胖告诉我，这是一道传统的东北老菜，也叫雪绵豆沙，因其形其色，故又称为蛋清羊尾。而侯哥说，此菜看似简单，实则烹饪甚为烦琐。

要精选当年新收的红豆，用清水浸泡涨发，加红糖和水，小火煮烂，再捣烂成泥，然后搓成元宵般大小的丸子，拍上生粉备用。取几枚鸡子，磕蛋取清，同一方向搅打上劲，再加生粉拌匀成蛋泡糊。

此时，热油锅，取豆沙馅，裹蛋泡糊，以顺时针方向迅速地搅拌，轻轻地放入油锅，再不断地舀油浇，炸至鹅黄色，蛋泡糊受热膨胀，雪白的豆沙球在油中翻转不停，捞出沥油，再复炸以求皮酥脆。撒少许绵白糖，装盘上桌。团团如棉桃，暄软涨满香甜，真是好。

雪丽白荷和雪衣豆沙，二者在做法和口味上都有些共通之处。要是论名字，我更喜欢“雪衣”这个名称，一听，就仿佛看到了一位穿着一袭白纱的女子，曼妙生姿，回眸一笑百媚生。但突然我想到，打个比喻的话，雪丽白荷就像大明湖畔白衣飘飘的荷花仙子，而雪衣豆沙则像一个披着婚纱的樱桃小丸子，想到这里，禁不住笑了。

春天了，怎么能没有炸八块和小米酒

一

前几日路过菜市，见有人在卖小鸡雏，在一个箩筐里，奶黄黄、毛茸茸的，嘤嘤地叫着，像一个个小绒球，挤来挤去，很是可爱，而我，却突然想起一道叫“炸八块”的老鲁菜来。

春初小鸡雏孵出，再养两个多月，小鸡的冠子长出来，公母也就分出来了，小母鸡留着养大下蛋，小公鸡就杀了解馋，所以这道菜又叫“炸春鸡”。

一斤多的小雏公鸡，宰杀去净重八两，斩去嘴尖、翅尖和爪尖，挥利刃，斩腿两块，翅两块，胸两块，头颈一块，臀部一块，是为斩八块，这是山东鲁菜的做法。也有的是将头、颈、翅尖、臀尖去掉，斩腿二、翅二、胸二、脊二，也是八块，这是京鲁菜的做法。

鸡八块斩好，先用刀背一一拍过，使其皮肉松弛，再抽去腿骨和肋骨，入酱油、料酒、葱、姜汁腌渍。旺火热锅烧油，油四五成热，将鸡八块挂蛋糊，下入油锅，炸至鸡肉断生上色，捞出，油温升至九成，再下鸡块复炸至皮酥金黄，在盘中摆成鸡形。趁热配椒盐蘸食，色金黄，皮酥脆，肉嫩似有汁盈口，实在是好。

最好吃的那块，其实是鸡臀，这是我的最爱。别小看这鸡臀，它还有几个好听的名字，比如“凤尾”呀，“鸡牡丹”“鸡美丽”呀，我觉得，这才是鸡身上最美妙的滋味。记得闫涛兄说这鸡臀“一颗颗宛如银杏果，尝之无它，思之不安，颗颗香滑，阵阵暗香涌动”。我曾在广州吃过一次鸡臀焗饭，一锅之内百十个鸡臀，更是大妙。

袁枚《随园食单·羽族单》记载过一道“灼八块”，不过不是炸食，而是炸完再煨炖。原文是这么记载的：【灼八块】嫩鸡一只，斩八块，滚油炮透，去油，加清酱一杯、酒半斤，煨熟便起，不用水，用武火。

灼，古代即是炸，滚油炮透的意思。清酱就是酱油，古时酱油是大豆、酵曲和盐酿制的，春天制曲、夏天晒制、秋季出油、冬季储存，酱缸的第一抽，称头抽，颜色艳，味最鲜美。秋天霜降后打开新缸，汲取头抽，故称秋油。南方江苏浙江一带称酱油为伏油、秋油或母油，北方直隶山东一带则叫清酱，由此可见此菜确实源于北食鲁菜。

虽然没吃过袁枚版的“灼八块”，见其菜单，想来也是极好，再想想，这做法用清酱一杯、酒半斤，和“三杯鸡”倒似是也有些渊源。

清宫膳品中有一道“熼八件鸡”，据说就是炸八块的由来。《江南节次照常膳底档》记载了乾隆三十年乾隆皇帝巡视江南时的膳饮情况，乾隆三十年正月十八日在紫泉行宫膳食档是这样记载的：“酉初，上至看灯楼，看花炮盒子。放盒子时随送上用:丰登宝盒一副，元宵一品(三号黄碗)膳房筋、茶房叉子”；“看花炮毕，还行宫伺候。熼八件鸡一品，醋熘脊髓一品，火熏猪肚一品，小葱拌小虾米一品，涿州饼子一品。”

“熼”同“炸”；“八件”就是“八块”，由袁枚《随园食单》的灼八块，以及《江南节次照常膳底档》中的熼八件鸡来看，这炸春鸡颇有渊源呀。

二

博山人把炸的菜品俗称“炸货”。可以毫不夸张地说，我吃过全国各地很多美食，别的不敢说，要论起油炸的食物，博山炸货绝对是首屈一指的。不用吃，光看看硬炸、软炸，清炸、酥炸、脆炸等技法，讲究异常。有空我会专门就此写一篇小文的。

博山也有一道炸雏鸡的，不过不像炸八块那样斩成八块，而是去头爪，剁更小的寸方块，不为别的，就为了腌渍更入味、油炸更透彻。而且博山在做炸货挂糊时，必须用“生粉”。很多人把生粉和淀粉的概念混淆在一起，其实，《中国烹饪辞典》中有明确的论述，生粉是特指用地瓜做成的淀粉。在博山人的心目中，只有用生粉调糊油炸的食物才能称得上酥脆芳香的博山炸货。

炸雏鸡的做法和“炸八块”很是类似，也是小雏公鸡，斩块腌渍，油炸两遍，不同有三点：一是博山炸雏鸡用生粉调糊；二是腌渍时用花椒和酱油来入味；三是炸完后，济南“炸八块”配椒盐蘸食，而博山炸雏鸡是要撒炒熟的花椒面提鲜增香，花椒不要四川的麻椒，而是博山当地的红花椒，这花椒麻香更足更浓，晒干去籽干锅焙熟，擀粗粗的花椒面，一定不要过细。麻嗖嗖的花椒面配着炸得酥香的雏鸡块，那滋味，绝了。

比炸雏鸡更讲究一些的是博山炸纸包鸡，用鸡脯肉，正反两面各划花刀，切成一分厚、八分长块，入碗加南酒、酱油、葱姜椒水稍腌。用油光纸包上鸡块，用生粉糊粘口，共十包。把纸包鸡入温油锅，炸至鸡包浮起，纸呈金黄色捞出，去掉纸平摆盘内。也好吃呀。

不过真正好吃的还是多年前我吃过的一次博山干炸小鸡。用的真是刚出生不久的小鸡，骨头还未变硬，剁去嘴尖，整只腌渍油炸。肉不多，连骨头同嚼，吃的就是那软嫩和酥脆交错的感觉，那滋味，真是棒极了！至今想起来犹是垂涎，不过那是二十多年前的事了。小雏鸡那么可爱，也不太忍心下嘴了，想想也就罢了。

三

有一年看了一部韩剧《来自星星的你》，女主角千颂伊最喜欢在初雪时吃炸鸡喝啤酒，她那句台词“下雪了，怎么能没有炸鸡和啤酒”当时火爆了网络，那一年也就突然开始流行炸鸡啤酒来。

但我想，这初雪时的炸鸡啤酒，哪比得上春天里做一道炸春鸡，再来一杯用章丘龙山小米酿的小米酒呀？

一块炸春鸡，一杯小米酒，想想，就美好。

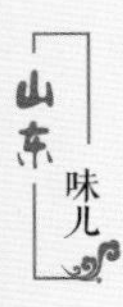

鱼片鲜白，鸡片嫩白，笋片脆白，是谓糟熘三白

一只山野跑山的鸡，一条江湖游弋的鱼，一株丛林鲜嫩的笋，化身如玉的洁白，被一缕酒香熏醉，化为一味舌尖上的糟熘三白……

鲁菜是极为讲究吊汤的，但窃以为，吊糟入馔也见鲁菜的功底。吊汤用的都是好食材，而吊糟则是用酿酒之余的酒糟，升华成香糟卤入馔，做出糟熘三白、糟熘鱼片、糟烧海参、糟蒸肉等佳肴，更见化腐朽为神奇的妙处。

吊糟看似简单，其实是颇为讲究的，并不像有人自以为是地认为就是用水泡酒糟而成的若如此，哪有糟香清如许？

早年间鲁菜师傅常用红白两种酒糟来吊香糟汁。白糟吊出的糟汁白透清澈，适合做糟熘里脊、糟熘鱼片等菜。而红糟，就是现在俗称的香糟泥，吊出的糟汁色泽红透香润，做糟烧海参、糟蒸肉最是好。如今白糟已经极为难买了，常用易购的只是南方的香糟泥了。

而吊香糟汁，则更为讲究。看过一个资料，鲁菜大师王义均说，早年北方老派饭馆，所有的糟熘菜系，比如糟熘鱼片、糟熘三白，都是手工“吊糟”，吊糟费时费力，需要十来天的工夫，慢慢制作，缓慢发酵。这样得出的糟卤，滋味可想而知。

我知道的吊香糟汁的法儿，是听济南的一位老师傅讲的。先要将香糟泥存放些时日，是越存越香，吊的糟汁儿才更有糟香味儿。吊糟时取出香糟泥，放入容器，加入花雕绍酒，想要再添些别样的风味儿，就加些桂花等香料，充分搅拌后，密封浸泡。静置几日，由二次发酵带来糟卤独特的香味。待酒糟充分地吸收了黄酒和香料的滋味，用纱布包裹，兜起，吊在一个酒坛之上，糟汁淅沥落入坛中，就成了能入馔的好香糟了。

糟熘鱼片是鲁菜中常见的一道糟熘菜。胶东近海，所以多用黄鱼等海鱼，而济南近湖河，所以多用草鱼或黑鱼。其实讲究的得用鳜鱼，而且最好是农历春来三四月的才够肥，“西塞山前白鹭飞，桃花流水鳜鱼肥”嘛。还有人说八月的鳜鱼有桂花香，所以更好吃。我口寡没吃过，所以不敢妄言。

不过依稀记得当年鲁迅先生最喜欢致美楼的糟熘鱼片，而吃家梁实秋，对糟熘鱼片也很是钟情。连我最喜欢的一部武侠小说金庸先生的《鹿鼎记》，也写过这道糟熘鱼片：“韦小宝将饭菜端到房中，将小郡主嘴上的毛巾解开，坐在她对面，笑道：‘你不吃，我可要吃了。嗯，这是酱爆牛肉，这是糟熘鱼片，这是蒜泥白切肉，还有镇江肴肉，清炒虾仁，这一碗口蘑鸡脚汤，当真鲜美无比。鲜啊，鲜啊！’他舀汤来喝，故意嗒嗒有声……”

糟熘鱼片的升级版是鲁菜中的“糟熘三白”。据说，侯宝林大

师每到“泰丰楼”，必点此菜。所谓“三白”，指鱼片、鸡片、玉兰片，且食材是颇为讲究的。鱼，最好是选鳜鱼，鱼若够大够肥，则片略厚片，一般是斜刀片薄的连刀蝴蝶片，就是第一刀不片断，第二刀片开，这样鱼片就够薄又够大，形似蝴蝶。玉兰片也就是笋片，只用最细嫩的笋尖，切片氽水备用。鸡片用鸡里脊，也就是鸡胸肉下的两条嫩肉，也片大片，加蛋清、淀粉、精盐抓匀调味。

起红锅，热油，四成热时，将浆好的鱼片和鸡片分别下锅氽滑，至鱼片和鸡片发白嫩熟，控油盛出，再用清水氽过，为的是锁住鱼片和鸡片的鲜嫩多汁而去掉多余的浮油。再起锅，放吊好的清汤，加盐、糖调味，放入氽好的笋片，小火烧开，依次放入鸡片和鱼片，再加入香糟卤，轻轻晃动锅瓢，慢慢地淋入水淀粉来勾芡。勾芡是集调味、增稠、亮色、保温于一体的。这糟熘三白的勾芡讲究的是要勾得薄且透，轻薄透亮，这是被称作“玻璃芡”的。

芡勾好，鱼片、鸡片、笋片这三白，裹了一层香糟汁儿的薄芡，如同披了一层淡黄微白的轻纱，淡雅朦胧却汁明芡亮，素雅却又有分别。尝来，鱼片白洁鲜甜，鸡片白润滑嫩，笋片白脆清新，而犹如丝绸的汁儿中的那份糟香，不仅有丝丝缕缕的酒香惊唇，更有馥郁的发酵香气陶醉，像画龙点睛一样迷人，鲜中带甜而糟香四溢，滋味悠长。

要是更严格来讲，直接用鸡片来做，略有腥息，所以好的厨师会将鸡牙子斩细泥，和清汤湿芡一起搅为糊状，入油滑为芙蓉鸡片，再去烹饪，口感则更为细嫩。此菜的关键除了食材，更见的是烹饪功夫。所谓“糟熘”，关键在“熘”字，糟易挥发，所以火候把握最为关键，要一熘而过，一熘而成，否则糟“熘”走了，就难有此味了。

十多年前，我初来济南，吃过一次好的糟熘三白，鱼片鲜白，鸡片嫩白，笋片脆白，口感各异却又相得益彰。淡雅温婉，而糟香隽永，很是难忘。

再多说一句，“糟熘三白”写作“醩熘三白”岂不更恰当？“醩”，才合酿“酒”之意，才更合这道菜的意境。而“熘”是鲁菜一种烹饪方法，不是“溜”现在白糟很难见到了，很是遗憾。

泰山有条好吃的龙须龙目螭霖鱼

山东有一座山，是赢得了历代帝王的顶礼膜拜的，这座山，叫泰山。登泰山，世人多是为了去祈福保平安的，而我去，则是为了去吃两样美味：松茙和螭霖鱼。

松茙炖鸡吃的是农灶野味，而油炸或清汆螭霖鱼则是泰山名菜之首，是历代帝王去泰山封禅时的御膳必食佳品。

螭霖鱼的名字取得实在是妙。《泰山药物志》载：螭霖鱼方头巨口，龙须龙目，全首似龙而无角，因得“螭”字，以其性喜雨而得“霖”字。龙神管八方雨霖，在泰山神山，有“螭”有“霖”，风调雨顺，螭霖鱼这名字，吉祥，妙。

所以在民间传说中，螭霖鱼是被神化的，说此鱼在阳光下的青石板上可以尽化成水。传说终归传说，我自是不信，但此鱼确为泰山的珍品，与云南洱海的油鱼、弓鱼，青海湖的湟鱼，富春江的鲥鱼，并列为国内“五大名鱼”，肉质细嫩，柔若无骨，很是好吃。

传说这螭霖鱼“甚难蓄养，每蓄缸中，天暑则死，天雨则飞，时时跳跃缸外，必得大缸深水安置荫中，缸中以竹编盖盖之，十活一二，亦不见长”。所以自古有“螭霖鱼不下泰山”之说，它仅能生长在泰山黑龙潭、桃花峪和后石坞等山涧溪流之中、碧波之下、五彩石间。

螭霖鱼生长也很是慢，长成需三年，但也长不足六寸，粗不过手指，重不过二两。眼圈金黄而眼珠青黑，形似龙目圆睁；偶见上唇有须两对的，就像虬须摆动；有极细的鱼鳞遍体，鳞片细密，环扣而紧凑。微黄透亮，背鳍尾鳍黄且灰，而鳃鳍腹鳍色呈橘黄。到了求偶季节，雄鱼的鳍会变成橘红色，在阳光下，光彩熠熠，通体透明，煞是好看，所以当地人又把螭霖鱼叫作赤鳞鱼。

唐代诗仙李白，斗酒百诗，他经过中都（今山东济宁汶上县）时，一尝惊唇，留下了“鲁酒若琥珀，汶鱼紫锦鳞。山东豪吏有俊气，手携此物赠远人”的诗句，“紫锦鳞”说的就是这赤鳞鱼了。作为一条鱼，能让诗仙赋诗以歌的，不敢说是独有也算是少见吧？

赤鳞鱼因其幼嫩，所以吃法并不算太多，油炸或清氽最是好。

赤鳞鱼以通体金黄油润的为上品，最为好吃，曰“金赤鳞”；色若银白赛雪的次之，名“银赤鳞”；再者，脊背豆青色，为“豆赤鳞”；再次，脊背黑灰色，叫“草赤鳞”。草赤鳞易得，而金赤鳞现在则不多见了。

取金赤鳞一十八条，取“泰山十八盘”之意，自鱼下腹处破小口，取出内脏，洗净，鱼腹放入红花椒一粒，葱白、花椒入蒜臼捣碎加绍酒泡成葱椒酒，将鱼用葱椒酒腌渍过，拍一层薄薄的干面粉，一则锁住水分，二则保持鱼的鲜嫩，起锅，热油，待油温六成热左右，下赤鳞鱼炸成淡黄微灿时，盛盘，配一碟花椒盐上桌。这道菜，叫清炸东胜赤磷鱼，又叫清韵泰山赤磷鱼。东胜即泰山。古时鲁菜极为讲究，民俗避讳，不能说“清炸泰山”的。

我几年前去泰山拍摄《天南地北山东菜》，在泰山脚下吃到了一道泰山赤鳞豆腐丸。选用“泰安三美”之一的豆腐，与海米末、酱瓜末等调馅挤丸，入油锅炸熟，置于盘中，赤鳞鱼洗净入味，亦入油锅内炸熟，环围于豆腐丸之外，味道极正，鲜美滑嫩，至今难忘。

除了油炸，清氽赤鳞鱼也很是好食。鱼清理得当，用毛汤焯熟入味，取一汤碗，捞出摆放碗中。另起锅，入清汤，汤沸后，撇去浮沫，滴葱椒酒，加盐、上好秋油调味，倒入盛有赤鳞鱼的汤碗中，配一小碗姜醋和一碟胡椒粉一起上桌，随口味任客添加。汤的味道是极鲜的，是一种不施粉黛的鱼的鲜，而赤鳞鱼的滑嫩也恰到好处。

螭霖鱼，有好听的名字，有漂亮的身形，有美丽的民间传说，有诗人的赞美，又味美好吃。这条鱼，真的好。

对了，说起这螭霖鱼，有一次，青岛出版社要出一套“味道的传承”系列丛书，让我去云南昆明，去给烹饪大师鄢赪拍摄菜品，鄢赪师傅亲手给我做了一道菜，叫傣味抗浪鱼。这抗浪鱼又叫鱇浪白鱼，轮廓呈一狭长的纺锤形，细小却幼嫩。用云南傣家的秘汁来调味浸泡，酸甜咸辣鲜，五味杂陈，很是好吃。抗浪鱼和这赤鳞鱼有些相似，都细小幼嫩，油脂厚而香醇。改天我想尝试用云南傣家调汁的方法来做做这赤鳞鱼，或许也会有惊喜，这也算是鲁菜的一种借鉴创新吧。

像桂花飘落一地的木樨肉

喜欢上木樨肉这道菜的味道，首先是因为它的名字。

不知道是谁取得这名儿，真的实在是太妙了，想想就美。木樨指桂花，听到这个名字，浓烈的桂花香就扑鼻而来了。

这道菜模样也美得很啊，肉丝粉嫩，笋丝莹白，黄花丝黄褐，木耳丝黑亮，炒得散碎的鸡蛋散落其中，就像一阵秋风吹过，一阵秋雨飘过，一树金黄微白、温和油润、香气绝尘的金桂般散落一地，就像清秋如诗般的气息蔓延着。

其实，所谓的“木樨肉”，肉丝炒鸡蛋而已。清朝御膳菜中有一道“肉丝炒蛋”，就是这道菜，有历史记载。同治元年十月初九穆宗即位，正逢慈禧万寿，御膳房申初二刻在养心殿晚膳一桌，菜单上写明用海屋添筹大膳桌摆黄膳单。火锅二品：猪肉丝炒菠菜、野味酸菜。大碗菜四品：燕窝“万”字红白鸭丝、燕窝“年”字三鲜肥鸡、燕窝“如”字八仙鸭子、燕窝“意”字什锦鸡丝。中碗菜四品：燕窝鸭条、鲜虾丸子、烩鸭腰、熘海参。碟菜六品：燕窝炒烧鸭丝、鸡泥萝卜酱、肉丝炒翅子、酱鸭子、咸菜炒茭白、肉丝炒鸡蛋。

而据说鲁系孔府菜的家宴菜单中，也有这道菜。最早的做法，是肉丝、鸡蛋炒笋丝。在清朝御膳肉丝炒鸡蛋的食材中，除了猪肉和鸡蛋之外，又添了冬笋一味，名字取丹桂之雅意，食材慕冬笋之高洁，雅得很。

这道菜后来在各地特别是北方都有烹饪。因地制宜，有的地方以黄花菜或黄瓜替代了笋丝，也有一些地方加入了木耳，名字也更名为“木须肉”或者“苜蓿肉”了，这里面有可能因为有“樨”字比较

生僻的原因，也有可能是因“樨”字的韵母受“木”字韵母同化而圆唇化，就读成了“须”，但这都无从考究了。

不过细想想，木须肉或者苜蓿肉，哪儿有木樨肉这个名字韵味悠长啊？一道简单家常的肉丝炒鸡蛋，却为何取了一个清新雅致的“桂花”的名字呢？

说法，有二。

其一，确实是因为这道菜中炒鸡蛋的颜色油润清雅，色黄而碎，颇似黄嫩的桂花，故得名。清人梁恭辰在《北东园笔录·三编》中曾记载：“北方店中以鸡子炒肉，名木樨肉，盖取其有碎黄色也。”

《现代汉语词典》也解释道：【木樨】指经过烹调的打碎的鸡蛋，像黄色的桂花（多用于菜名、汤名）。

其二，北方人对“蛋”字有忌讳。《清稗类钞》载曰：“北人骂人之辞，辄有蛋字，曰浑蛋，曰吵蛋，曰倒蛋，曰黄巴（王八）蛋，故于肴馔之蛋字，辄避之。鸡蛋曰鸡子儿，皮蛋曰松花，炒蛋曰摊黄菜。”

因南北名称差异，甚至还曾经闹出一些笑话来。清人梁恭辰《北东园笔录·讳不知》中曾经记载了这样一个故事：

“有一南客不食鸡卵，初至北地早尖，下舆入店，呼店伙甚急，其状似甚饥，开口便问：‘有好菜乎？’答曰：‘有木樨肉。’‘好，速取来。’及献于几，则所不食也，虑为人所笑，遂不敢言。又问：‘别有佳者乎？’答曰：‘摊黄菜何如？’客曰：“早言有此，岂不大佳。”及献于几仍所不食者。

这道菜，做起来呢，说简单也很是简单，说讲究呢，倒也很是讲究。

肉呢，选一条瘦肉，细嫩的里脊肉最好。木耳，东北的椴木木耳最好，小巧的一朵，就能清水涨发得黑亮膨大。嫩绿鹅黄的新鲜黄花菜其实最好，不过干黄花菜也有自己独特的香儿。笋也一样，鲜笋脆嫩清香，若没有，冬笋制成的笋干儿，泡发了，也好。至于鸡子儿嘛，越新鲜越好了。

肉切丝儿，木耳切丝儿，冬笋切丝儿，黄花菜呢，泡发了，一刀截开两段就行了。黄花菜、笋丝、木耳丝在沸水中氽烫，清水过凉洗净。磕三个鸡子，搅打均匀了，起灶坐锅热油，油鼎沸，下蛋液，炒得嫩黄而碎，盛出。要是讲究起来，要把鸡蛋摊蛋皮，切成细丝的。另起锅，再热油，炒肉丝。要是讲究一些，盛出就把肉丝用蛋清淀粉腌渍过，再过油或过水氽滑，才够嫩。再起锅，热油，下葱花姜末炝锅，下黄花菜、笋丝、木耳丝兜炒，待稍熟，下鸡蛋碎还有肉丝，调料定好味道，兜炒，出锅，点缀点小葱碎，一道木樨肉就好了。

肉丝粉白，黄花菜黄润，笋丝玉白，木耳丝黑黝，小葱碎翠绿，加之黄灿灿的鸡蛋碎如桂花般点缀其中，煞是漂亮，怎一个好看了得？

也煞是美味，肉丝柔嫩，黄花菜异香，笋丝清美，木耳丝脆爽，鸡蛋碎浓香馥郁，怎一个好吃了得？

这道菜呢，各地的做法都有些不太一样。除了肉丝和鸡蛋是不变的，根据季节和地区还有很多变化，秋冬初春用青蒜、鲜笋丝等，盛夏和仲秋用芸豆丝、黄瓜丝等，还有的用土豆丝、胡萝卜丝等，甚至有的加海米。调味呢，有的会加甜面酱或者酱油，山东的炒木樨肉调味要加甜面酱。在少量的热油中炸甜面酱以使其产生浓郁的酱香味,这在鲁菜中被称作“沸甜酱”或“飞甜酱”。天津做法还要加入适量的醋来做一道醋熘木须，也好吃。其实最雅的是苏州的家常做法，鸡蛋和肉末一起捣和，起个油锅细细煸炒一下，那鸡蛋淡淡的黄色和肉末的橙红，星星点点、细细碎碎，很像一碗木樨，好看又好吃……

哪种正宗？哪种好吃？我现在已经不太追究这些了，地区不同，物产不同，风土不同，口味自然也不同。每个人对味道的偏好也不一样，自己的口味代表不了他人的胃，不要以己之舌来评他味道。南京的林洪在《山家清供》里就说过“食无定味，适口者珍”嘛，于吃是这样，于人生也是这样。我们总是忘记了自己的味是什么。

当然，我还是偏爱山东的做法啊。

葱烧海参

中国过去将珍贵食材分为上八珍、下八珍、草八珍、海八珍、陆八珍等。海参列在“参翅八珍”的首位，可见其珍贵。很多的菜系中都有海参入馔，譬如闽菜中就有一道佛跳墙，而川菜中有一道臊子海参等。若论起来，鲁菜中的葱烧海参最为闻名。

我曾吃过很多海参佳肴，最喜欢的就是葱烧海参，它是鲁菜的代表。胶东刺参，干品涨发，配章丘大葱葱油、酱汁烧煨，参刺突出，浑圆肥壮，油亮晶莹，细细嚼来，软糯滑腻，胶质肥厚，酱汁葱香扑鼻，宽厚黏稠，满口流香，回味无穷，堪称完美。我还曾经为葱烧海参胡诌过几句词：“蔚蓝的大海给了你靛黑的躯体，我却要用一段大葱，赋予你新的光明。”

袁枚《随园食单》有文曰：海参，无为之物，沙多气腥，最难讨好，然天性浓重，断不可以清汤煨也。所以海参烹饪法，需要“以浓攻浓”，以浓汁、

浓味入其里，浓色表其外，如此则色香味形四美俱全。据说，北京丰泽园饭庄老一代名厨王世珍师傅始烹此味，成就了一道经典鲁菜。鲁菜泰斗王义均老爷子更是凭此菜有了“海参王”的美誉。现在王义均老爷子的弟子大董先生的董式烧海参，骨子里还是葱烧海参的底儿。

葱烧海参在鲁菜的老传统中，必用的是胶东干刺参和章丘大葱。胶东刺参肉质肥厚，最适合干制，而最好的干参是灰干刺参，这是渔民保鲜加工海参的土法。用木火烘烧煨烤而干，所以叫灰干刺参。现在市场上很多的干海参都是“糖干”或者“盐干”的，就是捕捞之后加入大量的糖或盐进行脱水加工而干，滋味自是不足。

葱烧海参就是用灰干刺参来干发烹做，不用鲜海参，是因为鲜海参饱有汁液，外味和汤汁很难深入，故不可用。举个简单的例子，这就如同一块海绵吸足了水分就再难吸水。而干货的发制是鲁菜的精髓之一，有油发和水发之别。油发多用于蹄筋肉皮之类，而干海参需水发。皮厚且硬的海参，要先在火上烧焦外皮，用小刀刮去焦皮，再用水发。一般的海参没这么麻烦，只需将干海参放入容器，清水泡至回软，其间要多次换水以保持水清洁净。泡软后入冷水锅，烧开，盖盖焖发，等到海参发起，把海参的肚子划开，取出肠肚，抠净外边的黑皮后，洗净，再入冷水锅内，烧开，盖盖焖发。至海参柔韧光滑，弹性十足，才算发好。

需要注意的是，发制海参的过程中，水中决不能带有油腻和盐碱。水中有油，海参容易腐烂溶化；水中有盐碱，则不易发透。在开肚去肠时，不要碰破海参腹内的一层腹膜，否则发时易烂。但在发好后烹制前，必须用清水将这层腹膜轻轻洗掉。

还有一点，海参无味，要借外味入味，所以若是泡发不足则入味不尽，但若只为求其形大而泡发过足，则外味不能入其中。现在有好多餐厅的海参看着硕大肥厚，吃起来肉质松软，那就是为了好看而把海参发得过大了。一般来说，海参发至八成最好，留有二分空间让味道浸入。如果全发，味道进不去，只停留在表面。

说完了海参，再说说大葱。葱烧海参，用的是章丘大葱。《中华风俗志》载“葱以章丘为最肥美”，尤以一种叫“大梧桐”的品种为佳。这种葱能长到长及六尺，粗如儿臂，葱白胜玉，细嫩甜脆，烹调奇珍以其为上，全聚德烤鸭必用，葱烧海参添香，人誉“葱中之王”。

葱烧海参用章丘大葱，和吃烤鸭不一样。吃烤鸭要切葱丝配鸭肉卷小饼，吃的是葱的清脆甜美，而葱烧海参则要用油来烹炼葱油，用葱香和酱香来烧出海参的香醇。葱油单一的葱味不能够掩盖海参的腥气，所以现在好的厨师在炼葱油的时候，除了用章丘大葱，还要再加香菜梗、生姜、大蒜一起熬制成油，而最讲究的还要加一样东西：葱须子。

说起炼葱油用葱须子，还有一件轶事。这件事是我在《舌尖上的中国》美食顾问董克平老师的那本《食趣儿：董克平饮馔笔记》中看到的：

“有一次，王义均老先生到大董的饭店吃饭，在后厨看到晾着很多葱须子，王老看过之后，说了一句话：‘这是个本家。’本家是山东馆子叫老板的俗称，王老话中‘本家’的意思，翻译成俗话就是‘孺子可教也’。

“为什么王老看到晾着的葱须子就会有这样的感慨呢？这是因为大家都知道“葱烧海参”这道菜的，葱香是从大葱而来的，但是没有多少人知道制作葱油时，加进葱须子是能够增加葱油香气的。餐馆中往往因葱须子泥多难清理，一般都丢弃了。王老在丰泽园工作多年，多次强调这个事情，但是还是没有几个人愿意这样做。所以他看到大

董留下了葱须子的时候，难免有此感慨。

“葱须子是不值钱的弃物，但在调味上却有独特的作用，保留葱须子，不仅仅是节俭降低成本了，而是对菜味的本真有了明确自觉的追求。不仅是在器物上化腐朽为神奇，更是对菜品的尊重，对消费者的尊重。”

后来，大董拜王义均老爷子为师，这道葱烧海参有了更好的传承。

现在，该说说做法了。

发好的海参要顺长边抹大片。其实，以前做葱烧海参这道菜都需片薄片烧制，大盘盛出；现在改为整个海参上桌供客人吃，形式美看着也场面，但实难入味。因为海参浑圆厚实，不改刀煨烧，时间不够则不能尽入滋味，仅有外层一层薄芡亮汁，味只在表面一层而已。

海参片，汆透控水。章丘大葱，葱白切段，在炼好的葱油中炸成金黄捞出。起红锅，下清高汤一碗，下海参片、炸好的葱段，添酱油、糖色、料酒、盐、糖等调味调色。烧开后微火煨㸆，待汤汁略收后，略勾薄芡，中火烧透收汁，淋上葱油，一道葱烧海参就好了。

这道菜上来，油亮晶莹，柔软滑嫩，带着浓郁的葱香味，而味道妙就妙在诱人的葱香、红润馥郁的酱汁香、海参糯且弹牙的双重口感，若是添一小碗香米饭，和葱油、酱汁搅拌，放开了大嚼，味极鲜美，令一道葱烧海参抵达最后的高潮！

美食之余，另奉上我以前写的一篇《海参传记》，以飨读者：

“古人曾云：‘东溟千里，海错缤纷，其中宝物，名曰海参。庖宰视之为三绝，食界列之于八珍。倘若高厨临灶，大师掌门，必使菜色夺目，香气迸喷。实可谓出鼎鼐而色味动客，入脾胃而营养宜人。

“吾深然之。所谓深山藏灵物，碧海蕴奇珍，俗者食味，高者知味。吾曾遍尝海味，然一尝而惊唇者，唯海参独尊，古人之言，诚不欺也，遂作斯传：

“海参者，棘皮软体动物也。六亿年前，寒武之纪，始见于海底。人谓之‘动物活化石’也。初，人莫能名，因其形，谓之为‘土肉’也。三国吴之沈莹《临海水土异物志》曰：‘土肉正黑，如小儿臂大，长五寸，中有腹，无口目，有三十足’，即是也。然彼时，不论烹饪，只是‘炙食’，不得海参之真味也。南北朝之时，一跃成为宴席之珍品，已与‘玉珧’‘石华’等名贵食品相提并论，晋人郭璞《江赋》为证，赋曰：‘玉珧海月，土肉石华。’

“海参既为名贵，必施以精良烹法。历经改进，明朝曾列宫廷食谱，至清朝年间，海参烹饪已臻成熟。朱彝尊《食宪鸿秘》载有四法。《清稗类钞·第四十七册·饮食》亦有‘煨海参’之法：海参……须捡小刺参者，先泡去沙泥，用肉汤滚泡三次，然后以鸡、肉两汁红煨之，使极烂，辅佐物则用香蕈、木耳，以其色黑相似也。颇与今之‘红烧海参’相似，其特点是鲜爽醇厚、糯软腴美、滑嫩隽永，堪称上品。其他如《随园食单》《调鼎集》等中皆有制法。最有特色者，乃《调鼎集》中之‘蝴蝶海参’也。粗读清史料，海参菜肴之记载达三十种之多也。传承至今，海参烹饪愈加精良，高师名厨，或烹之新鲜活吃，或干品泡发，或高汤煨煮，或葱烧扒酿，‘葱烧海参’‘虾子大乌参’‘蝴蝶海参’‘扒酿海参’之类精品数不胜数，皆是宴中佳肴也。

“海参入菜，已有千年，然得“海参”之名，始于其药用也。《五杂俎》云：‘海参，一名海男子，其壮如男子势然……其性温补，足敌人参，故名曰海参。’清人赵学敏《本草纲目拾遗》亦云：‘虽生于海，其性温补，功埒人参。’一语道破海参之精髓也。

“海参名贵，取之必难，非潜伏海底难得也，亦以季节不同而质不同矣。二三月之海参孽乳出子，唯有空皮，皮薄体松，味不甚美，价亦廉，识者贱之，名曰春皮。四五月则入大海深水抱石而处，取之稍难，体略肥厚。至伏月则潜伏海中极深处石底，或泥穴中，不易取，其质肥厚，皮刺光泽，味最美，此为第一，名曰伏皮，价颇昂，入药以此种为上。故海参以夏天居深海者为佳，经验之谈也。

“吾曾于多家餐厅品味海参，最喜葱烧海参，此鲁菜之代表也。胶东刺参，参龄多年，干品泡发秘汤煨之，配章丘大葱烹之，参刺如乳突，浑圆肥壮，油亮晶莹，葱香扑鼻，细细嚼来，软糯滑腻、胶质肥厚，轰然入口，汤汁宽厚黏稠，悠然环绕，满口流香，堪称完美。除此之外，在烟台福山品一道酸辣海参汤亦令人难忘；海参切片，清汤烩制，陈醋、胡椒提味，入口海参鲜美异常，汤酸辣爽口，丝丝入味，细品之下既浑厚，进而香醇，真乃天赐佳肴，鲁菜清汤菜之代表也。

“吾感慨系之：齐鲁福地，天赐奇珍灵宝，得物阜年丰千载；孔孟大家，教仁义礼智信，传儒学大道精髓。巍巍泰山，幽谷灵洞；滔滔黄河，波涛澎湃；勃勃蓝海，浩瀚无边。人杰地灵，物华天宝，天赐阿胶、海带、胶东参之三珍，物产天然，味则人为。胶东海参，位列三珍，食之瑰宝，膳之真谛，尽在其间。食补皆宜、味效具佳，滋味之绝，驰名中华。品尝大海所赐之滋补佳品，周游于食、情、意绝妙交融中，岂非乐事一件？感斯风土，忭焉献辞。是以记也。”

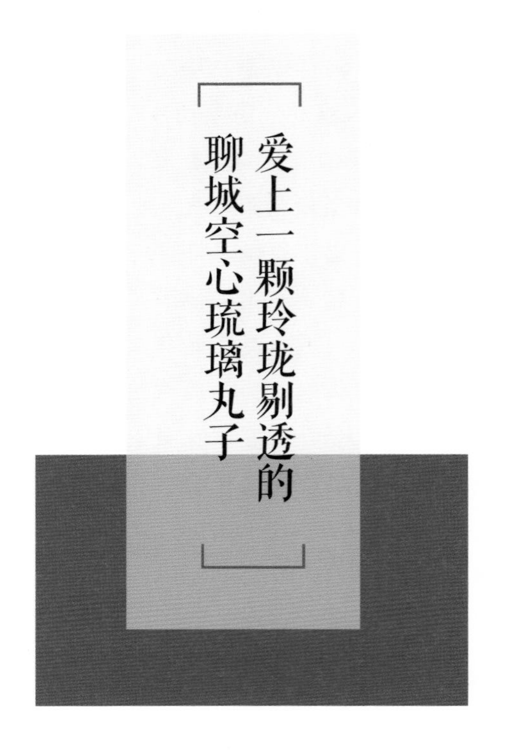

爱上一颗玲珑剔透的聊城空心琉璃丸子

美食讲究的是色香味俱全，色，占了第一位，所以有人说，如果一道美食不仅能使人回味悠长，而且看上去活色生香、妩媚娇柔，第一眼见到就不能割舍，那才是一件乐事。

聊城的空心琉璃丸子似乎就有这么点意思。

一颗颗形圆如珠、油润光洁的丸子，闪耀着琥珀般黄灿灿的光泽，像鸡油黄瓷釉般妖嫩，却偏偏又颗颗空心中透，宛如一颗颗散落在盘中镶金裹玉的珍珠，在光影下玲珑剔透的妩媚得让人不忍下箸，小心翼翼地挟一个，生怕跌落摔碎了。入口，那一层薄薄的外皮触牙即碎，在唇齿间咔嚓咔嚓顽皮地跳跃，酥脆之后，接着就是香香的甜，由舌尖层层递进，让人欣喜。

吃着这玉珠般的空心琉璃丸子，突然，就想起了白居易《琵琶行》里的句子："大弦嘈嘈如急雨，小弦切切如私语。嘈嘈切切错杂

弹，大珠小珠落玉盘。”真的是很应景呢。

这如春色般清雅的样子，这如秋果般清甜的味道，怎么能让人不爱上她？

做琉璃空心丸子，丸子易做，可空心却难。原料仅仅用到一锅清油、一捧面粉、几枚鸡蛋和些许白糖四样，但烹饪须开水烫面、初炸成型、复炸空心、熬糖挂汁多道工艺，清代美食家袁枚曾说：“能，则一芹一菹皆珍怪”。其意思是指好的厨师，即使最普通的原料，也能烹为佳肴。这琉璃空心丸子，就颇显烹饪的真谛呀。

袁枚先生在《随园食单》中也记载过一道空心肉圆，文曰：“将肉捶碎郁过，用冻猪油一小团作馅子，放在团内蒸之，则油流去，而团子空心矣。此法镇江人最善。”袁枚先生所言的镇江肉圆，是肉团或面团包进猪油或皮冻等原料，经油炸后内部受热融化，油被外皮吸收而形成空心，虽然也是空心丸子，但细究之下，还是有皮有馅的食物，严格来说还是不能称为空心，应该称为灌汤丸子。而聊城的空心琉璃丸子，妙就妙在只是一团面团，里面不加任何受热融化的原料，完全靠对面性及油温恰到好处的掌握而做出内心中空，这才是真的妙呀。

对此，我起初是颇为迷惑的。有一年我作为美食顾问带央视《味道》栏目去聊城拍摄美食纪录片，认识了一位厨师高文平。他家是高厨世家，数辈为厨，这道菜就是他家的传家菜。中国烹饪协会主编的《中国名菜谱·山东风味》中，将空心琉璃丸子作为当时聊城地区唯一代表菜肴收录其中，并介绍道："(空心琉璃丸子)以聊城饭店特级烹调师高士玉制作的为最佳。"

高文平告诉我，这丸子空心的绝妙，是完全靠对面性及油温恰到好处的掌握，油炸至一定程度后自动"吐"出里面的面团，从而形成空心的。观其做法，果然如此：

面粉入沸水，搅拌上劲，成厚糊状，面要烫熟、烫透，不能夹生，并且要掌握好干稀程度，稍有不对便前功尽弃了。再磕几枚鸡子儿，只取蛋黄，加入面中搅匀，到何程度就为经验所然。然后，将面团自左手虎口挤压出来，右手执勺舀成琉璃弹球大小的面丸，入六成热油中炸至挺身，逐步胀大如核桃般，浮起捞出。八成热油时，投入丸子复炸，丸子因过度受热膨胀，一部分面糊凝结成丸壁，一部分因为内部受热，胀鼓鼓地从面团一边冲开一个小孔，此时就见到丝丝缕缕的面丝从面丸中吐出，待形成空丸，捞出控油，剪去面丝，再炸一遍，至金黄灿然，坚挺硬实，便于以后琉璃挂浆，空心丸子就做得了。

再起红锅，入大把白糖，熬至起泡，色如琥珀，倒入丸子，端离火口，上下颠翻，琉璃挂浆，倒入凉盘，拨开晾凉，将一颗颗金黄油润、饱满丰腴、晶亮剔透的空心琉璃丸子锥形摆盘。吃起来，先是丸子外皮的圆润光滑，再是咬碎丸子时的焦脆香酥，然后是琉璃蜜糖的甜蜜滋味……真的让人回味无穷。

我吃过这道琉璃空心丸子后，很是惊艳难忘。有一次央视的《中国味道》栏目在全国寻找传家菜，制片人找我推荐人选，我就把高文平推荐了过去，让更多的人知道山东这道既好看又好吃的菜，挺有意思的。

后来高文平告诉我，琉璃丸子是一道鲁西传统名菜，除了空心之外，还有实心的、包馅的、荤馅的、素馅的、皮馅混合的、外挂芝麻的等好多品种。过段时间正好要再去聊城，到时候，我一定去他的义安成鲁菜馆，让他多做几种尝尝。

除此之外，我还吃过别的师傅做的拔丝空心丸子，丝蔓盘绕，也是好看又好吃，但输了琉璃空心丸子外皮酥脆一筹。

冰心先生说过：一个人应当像一朵花，不论男女；花有色、香、味，人有才、情、趣，三者缺一，便不能做人家的好朋友。而真正过瘾的吃，却要囊括花和人的六种好处，五感通灵，视觉、嗅觉、听觉、触觉的饕餮感受必会带来味觉的摇曳生姿。我觉得，聊城的这道琉璃空心丸子，够这个意思。

乾隆御膳食单上的
博山豆腐箱

我无肉不欢，但也喜欢吃豆腐，尤其喜欢的是博山的一味八宝豆腐箱。小时候每逢春节前，母亲都要做一些，备着过年待客用。亲朋来了，盘子里摆上十余个，蒸一蒸，勾个芡，就是一道下酒的好菜。博山人也是都爱这一口的，过年时家家都会提前备一些；外地朋友来了，请去饭店，必点的一定有这道豆腐箱子。就算是在“四四席”上，这豆腐箱也算是一个“行件菜”呢。

做豆腐箱是件费时费工的事。首先必须用博山当地酸浆点的豆腐才行。博山的水甘洌清澈，水质刚硬，做出的豆腐紧实强韧，只有这样的豆腐，不管如何烹饪，不塌不散，也才能做出像“宝箱”一样的形状，且鲜美入味。南方的石膏豆腐？那是万万不能用的。

小时候，听到街上传来卖豆腐的敲空心木梆子的“梆梆梆”声，母亲就打发我们这些孩子端着一盆黄豆去换豆腐了。黄豆哗啦啦地倒进了卖豆腐人的麻袋，一块雪白的冒着热气的豆腐就颤悠悠地躺在盆里被我们端回了家。

豆腐先要被母亲用淡盐水泡一泡，说是去去豆腥味。再切成两寸长、一寸宽的长方形块，然后在小灶房里，坐上油锅，炸成金黄灿灿、外皮硬实的块。挥利刃，用刀贴着炸好的豆腐块的长边片开三面，留下一面连接不要片断，做成箱盖，掀开“箱盖”用小勺挖出“箱内”的豆腐，就成了一个皮硬而内空且带盖的“豆腐箱子”了。

里面填的馅儿是母亲早就炒好的。把猪肉和泡的木耳、海米都切末，锅里的油烧热，葱姜末和海米末炝锅炸出香味，再下猪肉末炒香，酱油、精盐、香油调好味道，最后出锅了把木耳末拌进去。那时候冬天的韭菜可金贵，要是能再加一撮韭菜末，就更香了。要是想吃素的，就把刚才挖豆腐箱挖出来的豆腐剁碎了，代替猪肉末，一样的做法。最后，把炒好的馅装入掏空的里箱内，这三鲜肉馅和素馅的豆腐箱啊，就备好了。

到了饭店里，这道菜就讲究了。除了三鲜肉馅和素馅的豆腐箱，还有海味和什锦豆腐箱等。若用鸡肉、猪肉、香菇、火腿、虾仁、冬菇、木耳、冬笋八味，或切丁，或切末，调味成八宝馅装到箱内，就是博山的八宝豆腐箱了，好吃，名字还吉利。就连形状也是多变的，除了方形的，心形的、灯笼状的、甚至元宝样的都有。

待要吃了，就架蒸锅，使猛火，把豆腐箱盛在一个汤盘里，上笼蒸透。还要再炒个芡汁儿浇上，这浇汁是传统的博山炒肉片的做法：用蒜末爆锅，烹博山当地的陈醋、酱油，加盐、糖、胡椒粉、砂仁面，入西红柿块、黄瓜片、菜花朵、玉兰片、木耳以及蒸豆腐箱时蒸出的汤汁，煮滚。再用水淀粉勾薄芡，浇到“豆腐箱”上，一道豆腐箱就好了。食之，酸、咸、辣、甜、苦、香、鲜、怪八味合一，满口生香，美味极了。

还有一个传说的做法。民国初年博山山头有个“同心居”饭馆掌柜李同心，将豆腐箱的摆盘由“箱式”改为四层小箱摞叠的“塔式”，盘中浇烈酒，名曰“水漫金山寺”，上桌之时，点燃烈酒，顿时浓香四溢，白娘子闻之亦难耐，就又有了“映照金山”“火烧金山”等名字。这种形式的，我还真没吃过。但前不久机缘巧合给别人拍菜谱，拍了一张图片，也算满足了自己的好奇心。

博山还有一样看起来像一个大豆腐箱子的美味，叫旱酥鱼，是将博山酥鱼锅和博山豆腐箱做成了一道菜的，很是妙。豆腐炸成大块，挖空，侧面开刀，一侧相连，挖出豆腐，成豆腐箱状。箱里面却像做酥鱼锅一样依次加入五花肉片、白莲藕片、海带方片、油炸鲅鱼片，再将猪蹄子、白菜铺于锅底，放入装好的豆腐箱，加陈醋、白酒、老抽以及其他调料，慢火煨制至熟，凉透冰镇，切片装盘，真的好吃。这个我会单独写一篇小文的，不多说了。

其实说起来，博山豆腐箱子这道菜，属于“酿菜”的一种。江南的面筋塞肉、油豆腐镶肉、八宝豆腐袋，也属于和豆腐箱子差不多的做法。尤其是八宝豆腐袋，炸得黄黄灿灿的，掏空，用馅子填至鼓鼓胖胖的。再用一根烫过的韭菜扎住，蒸好，浇汁儿，也很是好吃好看。还有客家的煎酿豆腐、煎酿苦瓜、酿辣椒和酿茄子……我去过南方很多很多地方，所见可以说是无所不“酿”，都好吃。

而要说最精细的“酿菜”，我得说两样。一样是酿螺蛳，那可真是“螺蛳壳里做道场”。还有一样，就是孔府菜里的酿豆莛：把去掉头尾的豆芽穿空，里边酿上鸡茸、火腿，油淋而成，红白相映，色香味绝佳。如此的精工细做，倒不像是在烹饪，而更接近于微雕艺术了。

关于博山豆腐箱的渊源，故事很多，传说也很多。我爱瞎琢磨，我了解太多借所谓名人之名附会美食之事，什么乾隆、慈禧、苏东坡，无非是百姓的民间传说而已，一笑而过就可以了。真正的渊源还是要有文字和历史记载的才为准。在考究博山豆腐箱渊源的时候，我发现有一道叫厢子豆腐的菜肴多次出现在乾隆皇帝的膳单中。《江南节次照常膳底档》记载了乾隆三十年他巡视江南时的膳饮情况，其中闰二月二十六日早膳是这样记载的：

“卯初，请驾，伺候冰糖炖燕窝一品。

“辰初三刻，理安寺进早膳，用折叠膳桌摆：鸭子八鲜镶厢子豆腐一品；燕窝火熏肥鸡一品；羊肉片一品；羊乌叉烧羊肚攒盘一品；匙子饽饽红糕一品；蜂糕一品；竹节卷小馒头一品；银葵花盒小菜一品；银碟小菜四品；随送羊肉片烫粳米糜子米膳一品，金丝粉汤一品。额食二桌：奶子二品、饽饽十品，十二品一桌。内管领炉食四品，盘食四品，八品一桌。

“上进毕，赏皇后攒盘肉一品，令贵妃厢子豆腐一品，庆妃蒸肥鸡一品，容嫔羊肉片一品。”

正月十八日早膳是这样记载的：

“卯正，请驾伺候，冰糖炖燕窝一品。

“卯正二刻，涿州行宫进早膳，用折叠膳桌摆：皇太后赐炒鸡大炒肉炖酸菜热锅一品、燕窝锅烧鸭子一品、猪肉馅侉包子一品。燕窝肥鸡挂炉鸭子野意热锅一品、厢子豆腐一品、羊肉片一品、羊乌叉烧羊肚攒盘一品、竹节卷小馒首一品、烤祭神糕一品、银葵花盒小菜一品、银碟小菜一品。上传叫冯鼎做：鸭丝肉丝粳米面膳一品、鸭子豆腐汤一品。”

而在满汉全席“九白宴”中，我也发现了厢子豆腐的名字，是热菜四品之一。九白宴始于康熙年间。康熙初定蒙古外萨克等四部落时，这些部落为表示忠心，每年以“九白”为贡，即白骆驼一匹、白马八匹，以此为信。蒙古部落献贡后，皇帝赐御宴招待使臣，谓之“九白宴”，每年循例而行。后来，道光皇帝曾为此作诗云：“四偶银花一玉驼，西羌岁献帝京罗。”在这宴会上，有份食单便有这道厢子豆腐：

“丽人献茗：熬乳茶。乾果四品：芝麻南糖、冰糖核桃、五香杏仁、菠萝软糖。蜜饯四品：蜜饯龙眼、蜜饯莱阳梨、蜜饯菱角、蜜饯槟子。饽饽四品：糯米凉糕、芸豆卷、鸽子玻璃糕、奶油菠萝冻。酱菜四品：北京辣菜、香辣黄瓜条、甜辣乾、雪里蕻。

“前菜七品：松鹤延年、芥茉鸭掌、麻辣鹌鹑、芝麻鱼、腰果芹心、油焖鲜蘑、蜜汁蕃茄。膳汤一品：蛤什蟆汤。御菜一品：红烧麒麟面。热炒四品：鼓板龙蟹、麻辣蹄筋、乌龙吐珠、三鲜龙凤球。饽饽二品：木犀糕、玉面葫芦。

“御菜一品：金蟾玉鲍。热炒四品：山珍蕨菜、盐煎肉、香烹狍脊、湖米茭白。饽饽二品：黄金角、水晶梅花包。御菜一品：五彩炒驼峰。热炒四品：野鸭桃仁丁、爆炒鱿鱼、厢子豆腐、酥炸金糕。饽饽二品：大救驾、莲花卷。烧烤二品：持炉珍珠鸡、烤鹿脯。膳粥一品：莲子膳粥。水果一品：应时水果拼盘一品。告别香茗：洞庭碧螺春。”

后来，故宫宫廷学研究专家苑洪琪在《御茶膳房·膳底档》中发现了厢子豆腐这道菜的做法，“用香芹、蘑菇、笋丁、莲子、红枣、苡仁等原料放进油炸豆腐中，因为豆腐呈盒状，里面装着多种原料的馅儿，看上去很像古代妇女梳妆的镜厢，因此得名——厢子豆腐”。

看到苑洪琪对这道厢子豆腐的做法和形状的描述，我觉得和博山豆腐箱的渊源一定很深。突然想起了博山的两个人。一个是给幼时的康熙做过老师的一代帝师孙廷铨，一个是孙廷铨的长子孙宝仍，后者曾出任过光禄寺掌醢署署正，掌管宫廷饮食。

有个传说，乾隆皇帝六下江南路过山东，曾专门到颜神镇（今属博山）瞻仰康熙内秘书院大学士博山人孙廷铨的故居。孙家人做了“博山豆腐箱”款待，乾隆皇帝赞不绝口，从此，博山豆腐箱闻名天下。但如此重大之事，史料皆不可查，这传说绝不可信。还有一说，豆腐箱是咸丰年间博山厨师张登科从京城归来招待朋友所创的，但有清乾隆《御茶膳房·膳底档》在先，张登科之说也不可信。

那么有一个可能，就是孙宝仍将宫廷膳

食“厢子豆腐”带回博山，民间的不如宫里精致，而且民间多不知镜厢子为何物，经过博山本地化的演变，以小巧变实惠，以俗名替代雅名，以肉馅代替蔬果，最后成了“箱子豆腐”。而且还有一个原因，因为博山水质硬，导致当地人发音不卷舌，譬如说桌子椅子筷子都不带“子”音，直接说桌椅筷，箱子也是一样，“箱子豆腐”也就成“箱豆腐”。如此菜名意思就不甚明了了，所以最终叫作了“豆腐箱”，同样不带“子”音。同时还是因为当地水质硬，所以博山饮食中多以酸来中和，油粉、酸煎饼莫不如此，所以菜肴酸味也重。这和山西人爱吃醋同理。正因为此，博山豆腐箱的浇汁也是酸咸口的炒肉片的做法。

似乎有些眉目了，但还是我的揣摩而已。

我还读过一篇文章，说西冶工坊的名厨朱一录，创制了一道“山楂箱子”，用传统的博山民间糕点山楂糕做一个箱子的造型，充以核桃、芝麻、莲子等馅料。这是典型的甜口美食，爽滑细腻，甘洌微酸，开胃消食。我很想尝尝。

絮絮叨叨说了那么多废话。真的，吃过很多馆子，吃过很多豆腐箱子，我记忆中最好吃的豆腐箱子，还是小时候母亲给我做的。母亲已经走了30年了，我很想念她。

炸荷尖：小荷才露尖尖角，便炸美味下酒去

南宋诗人杨万里有一首《小池》写得极美：“泉眼无声惜细流，树阴照水爱晴柔。小荷才露尖尖角，早有蜻蜓立上头。”太有画面感的一首诗啊。诗里的“小荷”说的却并不是荷花，而是未舒展开来的娇嫩的荷叶：缩卷成尖的叶角刚刚伸出水面，便被一只蜻蜓轻盈地驻足。

我爱这诗意，但我更爱的是吃这件事。

济南有一样用“小荷才露尖尖角”的嫩荷尖油炸的美味，叫炸荷尖，是我下酒的至爱。济南人称泉城，有名者七十二处，泉水汇集，注入一湖，名曰“大明湖”。大明湖是极美的，湖水清且澈，湖中荷

红、岸畔柳绿，人称“四面荷花三面柳”。大明湖不仅景美水清，而且繁生蒲菜、茭白、白莲藕之美蔬以怡人口，人称“明湖三美”。但最味美的，我以为应该是荷，其花(荷花)、叶(荷叶)、果(莲子)、茎(藕)入菜皆好，各有其美。

白荷花花瓣抹豆沙细茸，对折，裹蛋清雪丽糊油炸，名字就叫雪丽白荷，这是一道老济南菜，清香甜美，很是好看好吃。对于不甚喜欢甜食却爱吃肉的我来说，用蛋黄糊炸的夹进肉馅的荷尖，我更爱。

取清晨采撷的嫩荷尖，叶子卷裹的内里似乎还带着晶莹的露水，在泉水中涤净。猪肉要略瘦些，才不会让这荷叶的清新沾染太多俗气，八五瘦一五肥就好，肥脂只是借腴香而已，手切成粒再稍剁成蓉，加点盐，磕鸡子，蛋清加入肉馅调鲜，搅拌上劲。蛋黄呢，用来做蛋黄糊，所以鸡子怎么也浪费不了。

洗净手，手指捻处，荷尖绽开来，把肉馅镶在内里。蛋黄要搅打细匀，加入淀粉，我喜欢再加点面粉，略略饧发，这样的糊裹炸出来的才会有蓬松脆感。包着肉馅的荷尖裹蛋黄糊，油三四成热的时候就得下锅，因为吃的就是荷尖的嫩香，油太热就如同焚琴煮鹤，低温慢炸，待肉馅嫩熟，捞出。待油温升至九成热，下锅复炸，在油中一飞而过，只为让糊酥脆而已。要是掌握不好火候，那就把肉碎炒熟，再夹进荷尖来炸，肉已熟，把蛋黄糊炸酥就好。

吃起来。蛋黄糊酥脆而蛋香浓郁，嘎吱声声，继而是荷尖略有清苦的馨香，再嚼，就是肉的嫩和脂香，真好。若饮一杯在泉水中冷冰过的啤酒，最是好。

吃着炸荷尖，我突然想起了客家的一道酿豆腐。当年缺少麦面的客家人把肉馅酿入豆腐，当成饺子来吃，那是背井离乡的客家人对中原故乡的思念。每个人的心里都有一个家乡，我想，如果我去了远方，想起这道把馅儿酿在荷尖里的炸荷尖，对于济南的思念，或许和客家人一样。

烩乌鱼蛋汤：味蕾之上，宛若白莲花儿朵朵开

我是很喜欢这道烩乌鱼蛋汤的。

还未入口，就被那怡人的春色吸引了，只见一片片薄如纸片、状若花瓣的乌鱼蛋片在一只青瓷碗中悄然绽开着，在澄黄的汤汁中宛如朵朵盛开的玉兰花，煞是好看。再入口品尝，乌鱼蛋片爽滑鲜美，而汤酸咸鲜辣，丝丝入味，细品之下先轻柔，进而香醇，酸、辣、咸“三足鼎立”，真是好。

乌鱼蛋虽以“蛋”来命名，但并非真正的蛋类，属于软体动物门。我的亦师亦友的汕头美食家张新民老师，他考究过，并说：“这乌鱼蛋，潮汕人叫它墨斗卵。墨斗之名，据说是过去海边的木匠常用乌贼的墨汁来渍染墨斗内的纱线而来的。”墨斗卵，古称鰞鲗。北宋沈括在《梦溪笔谈》中说道:“宋明帝好食蜜渍鰞鲗，一食数升。鰞鲗乃今之乌贼肠也。”而清代的袁枚在他的《随园食单》中也有“乌鱼蛋最鲜”的说法。

做烩乌鱼蛋汤用的是乌贼也就是的缠卵腺的潮汕人说的墨斗卵干制品做的，因其色乳白，状如鸡卵，所以人称之为乌鱼蛋。按张老师的说法，墨斗卵实际是雌雄两种墨鱼生殖腺的混合物，包括雌性墨鱼的卵子和缠卵腺、雄性墨鱼的精囊等。雌性墨鱼在产卵时，缠卵腺会同时分泌很多腺液将卵粒缠绕起来黏结成串，使卵串附着于海藻或珊瑚上。因此，如果是在乌贼在产卵的季节，其腹腔往往都塞满了墨斗卵。

原来如此。长知识，学到了。

在山东，乌鱼蛋多产于青岛及日照等地。日照岚山有一种叫金乌贼的，肉肥厚，味鲜美，其缠卵腺所制的乌鱼蛋。最为好。清康熙年间《日照县志》载曰：“乌贼鱼口中有蛋，属海中八珍之一，有冬食祛寒、夏食解热之功效。”至清末，乌鱼蛋一直列为贡品。由乌鱼蛋制成的菜肴中，以鲁菜中的烩乌鱼蛋汤最为著名，也是以前国宴的一道汤羹。

这道菜不好做。袁枚先生在《随园食单》中云：“乌鱼蛋鲜最难服事，须用水滚透，撤沙去臊，再加鸡汤蘑菇煨烂。”袁枚所说的“最难服事”，是因为新鲜的乌鱼蛋难以保存，人们多以盐和明矾进行盐渍干制，使其脱水凝固，以便保鲜，所以在烹饪时，若脱盐处理不当，则汤混浊，味咸涩。“须用水滚透，撤沙去臊”所言甚是，将盐渍的乌鱼蛋入沸水氽煮热透，闭火浸泡一宿，然后一片片撕剥开来，在清水中洗净，再取锅，添清水，淋葱姜绍酒，烧沸，入乌鱼蛋片焯氽，直至无咸涩味，乌鱼蛋片方才处理妥当。

乌鱼蛋本无味，只是食其口感顺滑，借其形态优美，而味道则要

借汤味来呈现，所以《随园食单》说要“再加鸡汤蘑菇煨烂”。鲁菜正是极为讲究用汤的，所谓“厨师的汤，唱戏的腔”。吊一锅高汤，舀在汤锅中，下乌鱼蛋片，以陈醋、胡椒提味，汤沸，用水淀粉勾一个玻璃薄芡，芡要轻薄细腻，再浇一次出锅醋，使酸香更醇馥，最后淋入香油，撒香菜末，一道酸辣乌鱼蛋汤才算做好。

这道菜在调味上是讲究留白的，所以各种调料必须恰到好处。有老饕称，必须让食客品尝三口才能吃出整道菜的味道精华，如果第一口就能尝到这道汤味道很足，那是失败的做法。第一口咸鲜上口，微酸微辣；第二口，酸辣味道得以升华；第三口，酸辣咸鲜四味平行于口腔之中，均达到顶峰。我认为很有道理，味道递进如梅花三弄，有变化才有惊艳。

美妙如斯，所以味蕾之上，宛若白莲花儿朵朵开。

我吃过两次好的烩乌鱼蛋汤。一次是跟着董克平老师在北京吃过一次满汉全席，席间上了一味。另一次，是去给屈浩老师拍照片，他做了一个教学讲座，现场做了一味。都很是美妙。

博山爆炒肉片和济南火爆燎肉

不久前，《舌尖上的中国》第三季热播，其中有一集讲了陕西菜“花打四门”：一锅之内，旺火热油，火花四起，翻滚四面，倒很是热闹。我承认鲁菜近些年有些式微，但用陕西菜的所谓“花打四门”做的一道醋熘白菜来讲烹饪手法和火候，我觉得稍逊鲁菜的烹饪手法和火候。

有句老话叫“食在中国，火在山东”，说的就是鲁菜对火的运用、对火候的把握和烹饪技法的要求极为讲究，也是影响了很多菜系的。火分烈、急、中、温、慢、微等火候，烹分煎、炸、爆、炒、滑、熘、烹、扒、炖、煮等技法。这是古人的智慧，也是几千年的历史赋予齐鲁饮食文化的恩泽之一。

爆是鲁菜最擅长也是比较考验对火的运用、对火候的把握的技法了。爆最常见的是油爆和汤（水）爆，鲁菜的油爆双脆和汤爆双脆最为代表。北京的爆肚，也属于水爆。再讲究的就是火燎爆，还有酱爆和芫爆。不管哪种爆，讲究的是鲜、嫩、香、脆四个字，所以对火候的拿捏是最关键的。

关于爆菜，油爆双脆和汤爆双脆我介绍过，再说说博山的爆炒肉片和济南的火爆燎肉。二者与“花打四门”一样，都属于“火燎爆”，但无论从用料还是烹饪等方面来说，讲究多了。

炒肉片是我特别喜欢的一道家乡博山的菜，在博山四四席中，属“行件菜”，“大件菜”上过，酒过三巡，再上此菜，酸咸滑烫，鲜香热脆，胃口大开，又可浮一大白。博山四四席上菜顺序和饮酒是有密切关联的，这个我以后会说。

炒肉片是博山当地人的俗称，其实从烹饪技法上来说，属于鲁菜中的爆。博山的王颜山先生在《品尝漫话十五则》中说，“油烹火爆”“酸咸热脆”为“爆炒”。所以，这道菜严格来说应该叫作“爆炒肉片”。而凡属爆炒，均讲“两快：一是快在火候上，“几秒之差即高下有别”；二是快在吃上，“舍酒先吃”，并“一气吃光”。“爆炒”的“两快”都是为了不使肉类和蔬段“渗出汁液和水分，起腥味淡”的目的。要达到这个目的，一是用足够的火候来“杀”，二是用酸咸的勾芡来“封”。

我曾夜读《博山饮食》一书，博山传统爆炒肉片是这样记载的：

“【主料】生猪肉三两。

“【配料】苔菜一两半，水笋一两，水木耳半两。

“【调料】油三两（实用一两），水生粉三钱，醋半两，酱油半两，盐、葱花、姜末、蒜片各少许。

“【做法】肉顶刀切片，加盐三分、生粉一钱调匀备用；苔菜切寸段，木耳裁开，同入沸水汆烫；水生粉调汁芡备用；少油温勺，再加油三两，油开，下肉片滑油，控入漏勺；锅加油二钱，投葱姜蒜，待葱黄，加醋一烹，投水笋、木耳、苔菜炒，放肉片，加汤芡急火炒匀即成。”

由此可见，以往炒肉片的配菜主要以苔菜、水笋、水木耳为主。现在博山的炒肉片，配菜丰富了许多，番茄、黄瓜、菜花、青椒皆可入菜，有物产丰富之因，也有节约成本之故，就像现在鱼香肉丝或木樨肉做法一样，亦是多了许多搭配。

大约20年前，我在博山税务街一家餐馆吃过一位老师傅做的炒肉片，至今难忘。老师傅是我朋友的叔辈，得以进厨房观其烹饪并听其讲述做法，与书中记载略有不同，实在有幸。

肉要后臀尖，要瘦中带肥才够香。切薄片，用盐、蛋清和生粉搅劲略养。番茄切块，木耳撕开，黄瓜切成象眼片，菜花掰小朵入沸水汆烫后用冷水淬过。

炒肉片时火一定要旺，锅务必热，炒必须快。起锅用油润锅后，加油，油温热后下肉片汆滑，控入漏勺；此时锅尚热，底油烧热，大把蒜末倾下，爆出蒜香，蒜末金黄欲焦之时，烹醋，醋入锅沸溅，将明火引入锅中，热油瞬间燃爆。油与醋相融相燃，醋的酸味挥发而去，醋香得以升华，所谓“吃醋不见醋”，才是炒肉片的精髓所在。这时投入番茄块、黄瓜片、菜花朵，还有汆滑过的肉片，快速拨炒，让火继续在锅中翻腾，给肉片再火燎上一层燎烟味道，加一小碗香醋、酱油、盐、糖、淀粉兑好的芡汁，颠勺出锅，这才是一道博山人

说的那种有醋香、有蒜香、有燎烟味的好吃的炒肉片。

吃炒肉片一定要趁热，吃的就是滑烫，稍稍凉却，肉片便会发硬，蔬菜不再清脆，芡汁会澥汤影响口感。而且我吃炒肉片时，不喜欢用筷子，要用勺子，一勺下去兜着肉片、木耳、蔬菜，还有酸咸滑烫的芡汁，大口下去，才够爽。

济南有道老鲁菜，叫火爆燎肉，也是好吃得很。火爆燎肉和博山炒肉片一样，都是火爆，火燎爆，而味道是略有不同的：博山水质硬，所以饮食中多以酸来中和，菜肴酸味也重；济南依泰山、傍黄河，水土厚重，菜肴多喜咸鲜。以爆炒腰花来说，博山爆炒腰花味酸咸重，和济南的酸中微咸有些微妙的变化。所以，博山炒肉片的味道是酸咸热脆的，而火爆燎肉讲究的是酱香醇厚。

一本1959年3月由济南市商业局编印的《济南名菜》，是当时征集的厨师手写版的复印本，很是珍贵。其中，济南名厨彭珂写的一道"火爆燎肉"，读来很是让人垂涎：

"【原料】猪臀尖肉（去皮）十二两（作者注：原文如此，估计有误）。酱油一两，甜面酱五钱，料酒五钱，香油三钱，葱姜丝蒜片共一钱，植物油二两。

"【做法】猪肉洗净，片薄片，长一寸半，宽八分，厚半分；加葱姜丝、蒜片、甜面酱、酱油、料酒、香油拌匀腌渍十分钟。炉火升到十成热，坐炒勺，加植物油二两。油不能过多或过少，过多则不易燃着，过少则容易将肉燎焦，所以必须准确地掌握用油的数量。待油烧到十二成热，立即将调好的肉片倾入，这时火苗沿锅沿直上，引燃锅内的油，火苗高达二尺多高，必须急速用手勺拨动肉片，并很快颠翻炒勺，使肉片在这火势熊熊的沸油中，半燎半炒约三分钟（作者注：原文如此，估计有误），盛出，与大葱甜面酱同上。

"【特点】香嫩味美，略带燎煳的焦味，颜色紫红，为饮酒佳肴。此菜制作时火要大、油要热，技术要求高，初操作者双臂须用布裹住以免灼伤。"

看着这菜谱，不用去厨房，也能想象到这火气熊熊的场景，想象出彭珂师傅的举重若轻：炉火正旺，一只炒瓢，被火光闪闪的旺火包裹着，热油沸腾着，青烟浓浓，热浪滚滚，腌渍好的肉片下得锅来，热油溅起，引得火苗进入锅中，顿时火焰高涨，冲天而起，肉片在锅中“滋啦滋啦”，声如裂帛。彭珂师傅用一只手勺，不停地拨动肉片，炒瓢也在随之前后左右翻动，锅底熊熊旺火，锅内火焰腾空，火焰裹着肉片、裹着炒瓢如同一条火龙般飞舞，谓之“飞火”确实贴切，火盘旋许久，突然戛然而止，一盘火爆燎肉出锅，被盛在盘中，肉片还在兀自颤抖战栗着，这是肉与火的缠绵，也是肉与火的最好的涅槃。

我是吃过一次好的火爆燎肉的，也是在十余年前刚到济南的时候了。那时候还有一些会做也肯做这道菜的老师傅。半肥半瘦的猪臀尖肉，被燎炒得卷了角，呈半窝状，半紫半红，油润光亮，吃来既有爆炒之脆嫩，又有火燎之味香。再来一杯酒，一定要高度白酒，咂一口酒吃一块肉，那感觉都要成仙了。酒喝好了，来几张单饼，用章丘梧桐大葱切一碟葱白，再抹薄薄的一层甜面酱，卷上，就酒足饭饱了。

这道火爆燎肉，我好多年没有再吃到了。一是会做这道菜的师傅很少了，能精准把握住火燎菜火候的人是少之又少了。既要鲜嫩又要燎焦，而且要精准地炒到九成熟左右，所欠火候用菜的余热来熟透，食客吃到嘴里恰到好处，但还不能过火，这功夫不是一朝一夕就能练到的。二是做火燎菜，一般都用单柄炒瓢，弧形底或是平底，为的就是翻瓢轻便，灵活自如。现在大部分餐厅用的都是双耳圆锅了，别说火燎菜，就是煎、扒、塌菜也都做不了了。“火在山东”，得有好的炒瓢才得以实现啊。现在鲁菜式微，不谈别的，自己的“枪”都丢了，还谈何继承传统创新鲁菜？

没有人不爱吃干炸丸子

一

我爱吃肉，不过窃以为，炖煮酱卤的肉虽然过瘾和豪爽，但难免太过于简单粗暴，远不如一团肉粒或肉糜揉搓的肉丸来得精致。

所以扬州的蟹黄狮子头，鲁菜的四喜丸子，都是我的至爱。二者味道有些不同。蟹黄狮子头温婉得像个清秀的江南女子，是软嫩润滑、柔若无骨的，团得松松的，在清汤中慢慢地煨炖，再加上蟹黄的香，在味蕾上风情万种地勾人魂魄；四喜丸子则像个外刚内柔的齐鲁汉子，在看似坚硬的外壳下却有一颗温润的心，是受人关注的暖男，而这样的丸子在舌尖也是最好的慰藉。

但不论蟹黄狮子头还是四喜丸子，都太过正式，个体也都过于大了。我最喜欢的还是一道家常干炸丸子，玲珑暖胃，一口一个，吃起来很是过瘾，既可下酒又可下饭。挟一个，吱嘎脆声中咬开肉丸的外层，随之而来的是喷薄的肉香，紧跟着就是软嫩的肉味，咂一口白酒，酒香、肉香就在口腔里肆虐。嘿，那满足啊，给啥都不换！

连梁实秋都说："我想人没有不爱吃炸丸子的，肉剁得松松细细的，炸得外焦里嫩，入口即酥，蘸花椒盐吃，一口一个，实在是无上美味。"

二

一道看似市井家常的干炸丸子，其实也是有颇有身世的。它曾在满汉全席白肉席下酒菜中以烧碟攒盘的形式出现，满族把炸也叫烧，所以叫烧碟。而所谓攒盘，一般以干炸丸子、炸鹿尾和炸佛手三样来组合，还要配以四个不同口味的味碟，分别是老虎酱碟、椒盐碟、蒜汁碟、木樨卤碟。

蘸不同的味碟来吃，便有不同的滋味。蘸椒盐吃其椒麻香，蘸蒜汁解腻提鲜，蘸木樨卤就是焦熘丸子的味道，蘸老虎酱最是好。老虎酱用紫皮新蒜捣泥，和黄酱或甜面酱拌匀，用香油封住，随吃随取，配炸食最妙，有酱香，有炸食的油香，有蒜香，最下酒下饭了，但现在做的人少了。

三

干炸丸子虽然好吃，但不好做。

干炸丸子讲究的是“外焦里嫩，清香满口”八个字，所以选料、配料、调馅儿、油炸等环节是很有些讲究和规矩的。

以前的人缺油脂，所以最早的干炸丸子用的肉会肥一些，有的甚至要肥七瘦三，现在一般都是瘦多肥少了，我喜欢肥香一点的，所以一般用肥四瘦六的肉。猪前腿的两块夹心肉做干炸丸子最好，这两块肉肥瘦相间，有肥肉的香糯也有瘦肉的嫩醇，还略有点筋易吸水入味。肉馅要是手切的肉粒，而不是案剁的肉茸，肉切完再用刀背略砸，将筋砸开而不砸断，这样炸出来的丸子才会油润酥香。

葱要是章丘大梧桐的，姜要莱芜的大姜，也要手切得细碎，再加花椒泡出葱姜椒水。如果直接将葱碎、姜末混合在丸子里，那么油炸丸子时，葱易黑煳，便影响美观和味道了。

黄酱用料酒澥开。用黄酱不用酱油是因为用黄酱的色黄灿而酱味浓郁，用酱油则乌暗而咸。澥好的黄酱和葱姜椒水倒入肉碎，磕入一枚鸡子，一定不要转动来搅拌肉馅，而是要抓搅摔打，才能成肉糜状，炸来才会真正外焦里嫩。

最后，用一点糖来提鲜。糖还有一个作用是合味，把各种味合到一起，味道才对。

炸丸子，要是肉选得好，抓得匀，裹得住，兜得挺，本不必再添淀粉，如果不谙此道，团粉用绿豆粉就好，就是肉香味会淡。在家里还有一种家常的做法，是用泡发后挤去水分的剩馒头来代替淀粉，可以使丸子更加酥松。

油炸的火候最重要。火大，则色过于重，吃来外皮过硬；火小，则色清浅，感觉软塌腻口，就没有“清香满口”的感觉了。

左手抄一把肉泥碎，稍用力一攥，从手掌虎口挤出，右手拿把汤勺，就此一抄，便成了圆滚滚的丸子。油五成热，添些凉油，顺着锅边，下肉丸，炸一遭，定形，丸子漂浮起来时就捞出；再一遭，炸至丸子肉嫩熟；再升油温，约九成热时，下丸子复炸第三遭，只为了表皮的那一层脆和色的灿烂。

炸好的丸子，色泽一定是金黄灿然的，香气一定是四溢的；咬一口，一定要听到“咔嚓”的脆响才对，一定要吃到外皮焦脆内里却是软嫩的才够好；肉的醇香伴着葱姜的鲜香，再蘸现做的新鲜椒盐，咸淡适口，一口一个。一定要配白酒才够煞口，才更能吃出肉的香，才能体会到满口余香的味。

有人总结了干炸丸子的五种至高境界：头一个境界就是香，大老远就被它的香气吸引过去，咬上一口，香味浓郁；酥，是牙齿间的美妙感受，享受酥壳的同时，那酥酥的声响，就连耳朵好像也尝到了美味；嫩，并不是水水滑滑，而是细腻软绵中带着干香；脆，这一个境界最出神入化，热吃酥香，凉吃它还要脆而不皮。

曾经有一老北京爷子告诉我，以前炸丸子还有人会加一些吃炉肉剩下的脆皮碎，吃起来更是好，有炸响铃的滋味和声响。没吃过这种，很是向往。

四

济南菜里还有一道老菜，叫炸灌汤丸子，是用瘦肉斩极细的茸，加清汤、蛋清还有盐打成泥料子，再用清高汤做成肉冻子，用泥料子包上肉冻子，裹面包糠，炸熟即得。我没吃过这道老菜，关键是现在没人做了。可也能想象出这道菜的美，咬开酥皮，一口香汤入口，肉香汤鲜在嘴里流转。

想想就好吃，可惜吃不到了。

立夏了。

济南的四季中，最美的也是我最喜欢的，就是初夏了，天不冷不热的，不像仲夏般酷热闷湿。在大明湖畔走走，柳垂了绿丝带，花吐了丹芳，风也是轻柔的，岸边的荷叶儿田田的，翠翠地舒展着，荷花骨朵儿尖尖地包拢成一团，有一些开得早的，便悄绽了亭亭的荷花，随风摇曳舒展。花呀，还是要看半开的，开得太多太艳，反而觉不出美妙了。

济南的荷花是极美的，要不怎么说得上“四面荷花三面柳，一城山色半城湖”呢？而在这个初夏，我期待的不仅仅是绰约生姿，摇着媚笑儿，弥漫在清香水气中的荷花儿，还有一个香酥油润的荷花酥呢。

厨房历来是分红白两案的。红案，烹饪菜肴；白案呢，做面食。鲁菜不仅有讲究的菜肴，更有精致的面食。有些面点已经超越了吃的本意，还有了赏心悦目的意境。我喜欢济南的两样面点，一是清油盘丝饼，再就是这个荷花酥了。

因为济南是泉城，泉水汇集成大明湖，夏时，荷花盛开，煞是好看，所以一个荷花酥似乎更适合济南这座城市的风韵。起酥，用油酥面做一个荷花酥，酥层清晰，形似荷花在垂柳下湖水中摇曳，很是让人心生欢喜。吃来酥、松、香、甜，那真叫好。

我有个朋友，叫韩一飞 ，对济南的美食很有研究。有一次，我拍了一个荷花酥，一飞兄见了说不够好，起酥起得不好，所以看着就不对。于是，我向他讨教，听他说起荷花酥的讲究，说得真好，也长了见识。他说，荷花酥是猪油起酥、猪油炸的点心，要包白莲蓉馅儿。上桌，乍一看，连皮子带馅，干干净净的白色，红色若有似无，但也不是简单点一点儿色素就了事，而是现用油蒸胡萝卜取那个颜色出来，然后用这个红油去调油酥面。红的油酥面和白的油酥面，一层叠一层把皮子做好，再包馅儿。

莲蓉馅儿呢，要用饱满圆滚的干莲子儿，用泉水浸泡，去掉皮儿和青绿苦涩的莲心，再洗净了，盛在一只竹笼中，用旺火，蒸至酥熟，再揉搓碾塌成茸泥，就成了细细的莲茸，但这还不是莲蓉馅儿。要再起灶坐锅，落一勺猪油，油四成热，撒大把的白砂糖进锅，糖遇热烧融，这时候倒入搓碾好的莲茸，用手勺或锅铲不断地推动翻炒，再放一次糖，继续翻炒至不粘锅铲时，再舀一勺熟猪油进锅，翻炒至莲茸油亮白净，这莲茸馅儿才算好了呢。

面也有讲究。一半的面是要加入温水和猪油，揉透成水油面团的，而另一半呢，要和猪油一起，和成油酥面。然后呢，将油酥面包入水油面里，收口，按压，擀成一片长方形的薄薄的面片，而后折叠成三层，再擀成薄片，又折叠成三层，再擀开，反复数次，就有了一张轻薄油润的面片，找一个圆模子，切出圆形坯皮。

包的时候，莲蓉馅要多放，这样荷花酥才像个花苞。清晨花苞最香了，人看了，心意相随，鼻观就觉得享受。莲蓉馅儿放在坯皮中，转着圈收口，捏紧，收口要朝下放置，挥利刃，从顶端向四周均匀剖切成相同的五瓣，就像一朵荷花的新苞。

然后呢，把荷花酥胚子下入三四成热的油锅中，炸至花瓣开放，酥层清晰，像花瓣硕大而且雅致的荷花儿，这才是一个好的荷花酥呢。

所以一飞兄说，这荷花酥不能是烤的，烤的时间太长，油腻。炸就没这个问题，皮子擀得飞薄，叠四层，切六刀，熟得极快，根本不油腻，吃完盘子都干干净净，这才叫精细点心。真要烤，那叫作百合酥，百合酥是花生油起酥、包核桃玫瑰青梅馅儿，烤好了不单吃，配银耳莲子羹，终究百合不似荷花，不肯独活。

想想就美好。济南最美的季节就要到了，我期待着，过几天，等荷花儿开了，去大明湖畔，找一个凉亭，沏一壶清茶，吃着一个荷花酥，赏荷。

对了，一定得约上一飞兄。

熻红果：一枝桂花压红果，山楂妩媚，桂花闷骚

一捧红果儿，带着深秋丰收的喜悦，沉甸甸，用清水洗净，掏出种子留作来年的希望。然后，用微火、冰糖，用八月的桂花，用清泉的泉水，用心，熬。晶莹的汁包裹着绯红的果儿，仿佛美人。微微的甜沁浸着酸酸的果儿，仿佛爱情……

我爱这熻红果。这是一枚枚让人心生欢喜的果儿。

秋已深，寒冬至，万木萧瑟，山野间，枝头的山楂果儿却浓烈得像一团火，红艳艳的，小灯笼般，在树梢摇曳着，在风中，笑。

把新鲜饱满的山楂果儿采撷下来，洗净了，用一支细铁管，从果蒂处插入，贯穿过去，把核捅去，就成了一颗颗像算盘珠般的果儿。说算盘珠其实不是很确切，应该像一

颗颗玛瑙珠，闪耀着晶莹的红色珠，若是穿起来，那就是这个深秋里秋姑娘的一串最动人的项链。

把山楂果儿用水略略煮过，去掉果儿的酸涩，把皮剥去。再取一只砂锅来，汲一锅清泉水，放几块黄晶冰糖，熬成一汪微黄浓稠的糖汁儿，咕嘟咕嘟，微火浮起细碎的糖泡儿，像一泓八月的湖水，把山楂果儿投进这糖汁儿的“湖水”中。这红的妩媚的山楂果儿就荡漾着，翻滚着，像倒影在湖中的红月亮。微火，慢煮，撒一把干桂花儿，就像微风吹过，湖边一树鹅黄的桂花落下，桂花儿在果儿间漂浮，月夜暗香浮动……

慢慢地，山楂果儿的果胶溶出。糖汁儿㸆得越来越黏稠，山楂果儿的红浸入糖汁儿中，颜色从澄黄到绯红透亮，泛着像琉璃般的光泽了。山楂果儿也酥烂透了，一颗颗捞出来，盛在一只白瓷的玉碗中，把饱含果胶的糖汁儿继续㸆一会儿，待到浓郁欲滴的时候，关火，放凉，舀出，淋在山楂果上，撒点鹅黄的干桂花儿点缀，这道㸆红果就好了。

看着就心生欢喜。红的果儿，黄的桂花儿，绯红透亮的汁儿，像一个风情万种的美人般妩媚动人。有人说形容美人的唇，叫樱桃小嘴，但窃以为樱桃哪有这红果儿明媚？这红果儿才真的像一个美人抿着嘴笑啊，不是吗？

吃到嘴中，就更美妙了。美味在挑逗着味蕾，先是曲径通幽的甜蜜，接着就是爽洌的酸回荡在舌尖，再就是闷骚的淡淡的桂花香在鼻尖，似隐若现，幽香浮动。甜，酸，香，在味蕾盘旋，萦绕。吃完一颗，再舔一舔在嘴角留下的糖汁儿，这琼浆般的甜又诱惑着去吃下一颗……

这㸆红果，在北京也有相似的食物，不过叫炒红果。说是炒，实际上是煮，为什么叫“炒”红果？有一个说法，烹饪技法中的“炒”其实出现并不算早，虽然南宋的《东京梦粱录》曾经有“炒”字出现，但与现在烹饪的“炒”并不完全是一个概念。及至清人入主中原，他们还把熬的山里红叫作炒红果，把熬的猪肝、猪肠子叫作炒肝。

还有一个说法，说炒红果还有炒肝的“炒”字源于满语，是浓汁熬煮的意思。很多民俗专家都这么认为，但是《康熙字典》里面对“炒”有这样的解释：“熬也（《集韵》）。”《集韵》是宋代编纂的按照汉字字音分韵编排的书籍，可见在古语中，“炒”就有水煮的含义。所以炒红果的“炒”也是这个含义。而古语中，使用油的烹饪方式一般使用“煼”（chǎo）这个字来表示。

另外，还有个说法，说最早北京的叫干炒红果，是不加水，把红果倒入锅中，再放入冰糖干炒，直至炒到冰糖彻底融化，再把红果儿碾碎，炒匀出锅。这是真正的炒，不过后来这干炒红果不好掌握火候和烹法，就改成了煮，但叫法还是延续了下来。

关于炒红果不想多说了，但这㸆红果确确实实是鲁菜的冷菜。“㸆”是鲁菜中常用的烹调技法，指将主料经油炸或煸炒，另起锅炝锅，添汤调味后㸆成浓汁出勺，成菜色泽艳丽。这㸆红果和炒红果区别就在于烹法上，细究起来，炒红果的汤汁儿会更多一些，类似于现代的糖水山楂罐头，而㸆红果会把汤汁儿再㸆一会儿，让汁儿更浓稠一些，再浇在红果上，所以这两道菜有区别但本质是相同的。

再细究，“㸆”的烹法宋代已有，当时写作“焅”。《东京梦粱录》中就曾经记载过“焅腰子”“五味焅鸡”“葱焅骨头”等菜，直到清代晚期才有“㸆”这个字，如孔府菜中的“㸆虾”。1989年，鲁菜大师崔义清和他的徒弟崔伯成编写了一本《鲁菜》（山东科学技术出版社），在《冷菜与拼盘》一章就收录了㸆红果这道菜。这也是我能找到的关于㸆红果这道菜不多的文字资料了。还得找资料，再推究一下。

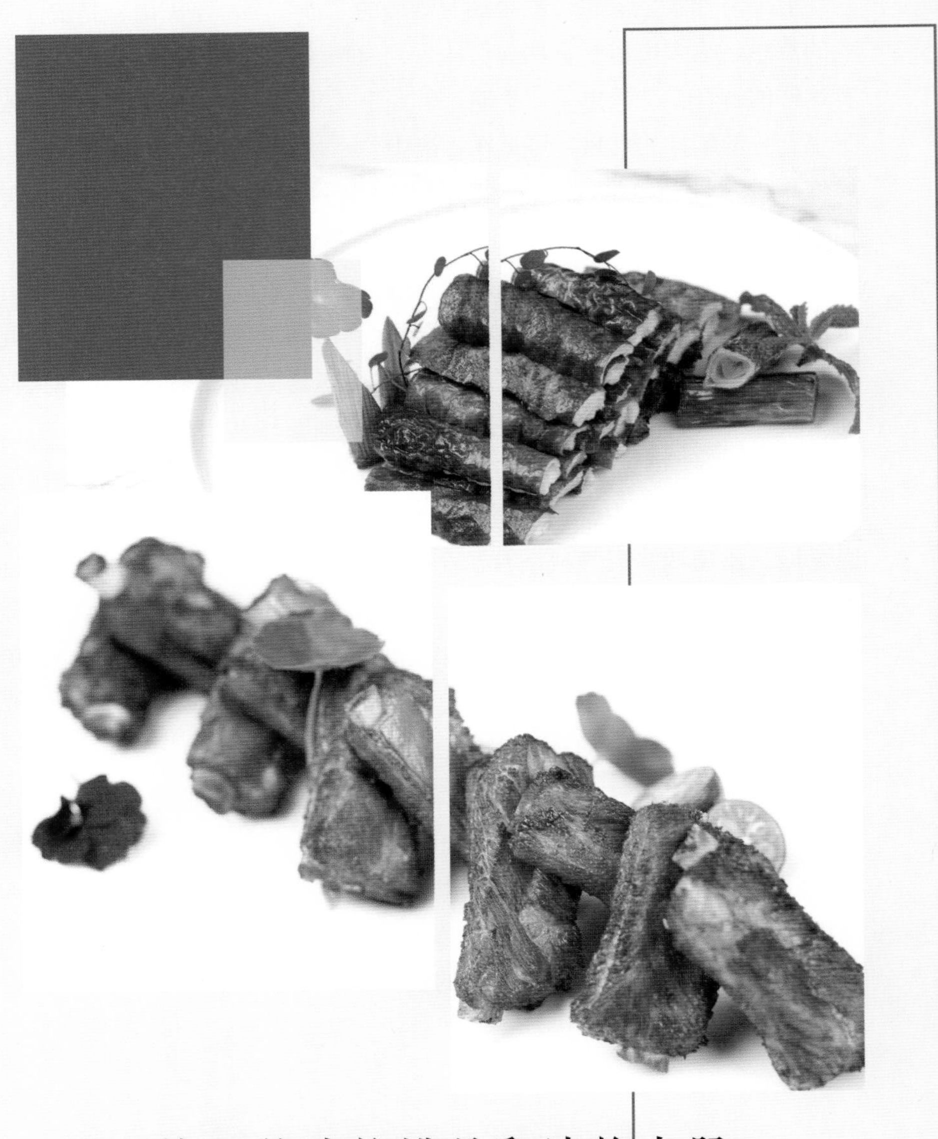

让人快乐的清炸排骨和清炸大肠

我爱吃油炸的东西，虽然被很多人嗤之以鼻，认为不健康，但依然欲罢不能。

年轻的时候，曾一度非常喜欢王朔的文章。他有一篇《空中小姐》的小说，讲的是一个关于青春关于爱情的故事，让我没少落泪。小说中的“我”是个油炸食物爱好者：“最幸福莫过于飞机出故障，不是在天上，而是落到北京以后停飞，而且机组里还得有个叫王眉的姑娘。每逢此种喜事临门，我便挎个筐去古城的自选食品商场买一大堆东西，肩挑手提，领着阿眉回家大吃一顿。我做菜很有一套，即一概油炸，肉、鱼、土豆、白薯、馒头，统统炸成金黄，然后浇汁蘸糖，绝不难吃。就是土坷垃油炸一下，我想也会变得松脆可口。阿眉也深信这一点。”

深感知己啊。我也是如此，就是觉得不管食材是荤是素，是肉是鱼还是菜，只要是下了油锅，就像给味道的泛滥打开一道闸门，在“滋啦”声中先是沉底，然后沉浮漂起，在热油中翻滚着，一会儿就变得黄灿灿、鼓胖胖的，吃起来，油香脂润的，就是香。

曾看过“知乎”上一篇科普文章，说为什么人都爱吃油炸食物，挺有意思的，说：“相比于焖炖炒煮等烹调方式，通常总是油炸的食物受更多的人欢迎，这是因为含有淀粉和蛋白质的食物在高温中，会发生焦糖化反应和美拉德反应，产生很多风味物质，而且人们获得和食用高油脂高热量食物时，大脑就会分泌多巴胺，令其感到愉悦，食物和心情就这样被联系在一起。”

这是为我爱吃油炸食物提供了科学的依据呀！

记得蔡澜先生在谈到日本的天妇罗时说过一段话：“天妇罗绝对不仅仅是油炸而已，而是师傅借助油，让食材成熟而已。这才是油炸食物的真谛啊！我爱吃天妇罗，觉得这已经是油炸食物的至臻了。炸得面衣淡黄灿然的天妇罗散发着诱人的香气和热度，入口，脆的面衣是酥脆的一口香，在唇舌之间悄然颤响，里面却是嫩软和食材的鲜，真的好。

不过窃以为，在油炸食物中，比天妇罗还要美味和讲究的是清

炸。硬炸、软炸、酥炸、卷包炸、特殊炸，包括天妇罗，都要挂糊，为的是利于把握火候，锁住食材中的水分和养分，不至于过火或窝油。而清炸则是将食材腌渍后，直接入油锅烹炸，这对火候的把握就更为讲究了。

袁枚的《随园食单》里记录了一味“油灼肉”，文曰：“用硬短勒切方块，去筋进，酒酱郁过，入滚油中炮炙之，使肥者不腻，精者肉松。”说的就是这个道理。

山东有两样清炸的食物，博山的清炸排骨还有济南的清炸大肠，都很是好吃，也各有各的讲究。

博山的清炸排骨，要选猪的肋排，剁寸长的段，用葱椒绍酒一勺、精盐一撮、姜几片、秋油一勺腌制过。为了火候，要炸两遍甚至三遍：第一遍温油慢火，讲究叫浸炸，让排骨的肉浸熟但至嫩，待八成熟时捞出，催火，升油温，待油热欲焚，将排骨倒入，炸第二遍，一炸即出，要的是肉外皮的酥和急热下骨肉分离的劲儿。

好的清炸排骨一定是色泽红亮、肉酥脱骨、外焦里嫩的，要能达到拎着骨头一抖，肉就得脱骨才是境界。而且清炸排骨是要撒炒熟的花椒面来提鲜增香的。花椒不要四川的麻椒，而是博山当地的红花椒，这花椒麻香更足更浓，晒干去籽干锅焙熟，擀粗粗的花椒面，一定不要过细。麻嗖嗖的花椒面配着炸的酥香的排骨，那滋味，真绝。

济南的清炸大肠也好。因为章丘有好葱，所以才有了这一味好的清炸大肠。《中华风俗志》载“葱以章丘为最肥美”，尤以一种叫“大梧桐”的品种为佳。这种葱能长到长及六尺，粗如儿臂，葱白胜玉，细嫩甜脆。

做清炸大肠要选一条好的猪肠，取靠近肠头一段，肠头太肥腻之处也不用。在用豆芽和姜丝滚开的水中汆煮过，抹干水分，在肠中塞一根章丘大葱，将大肠撑起圆滚滚的，用秋油一勺抹匀腌渍，入油锅，炸两遭，炸到外皮红澈，抽去大葱，斜刀切件摆盘。吃清炸大肠，要蘸“老虎酱”吃。老虎酱现在做的人少了，是用夏初的紫皮新蒜，剥皮捣泥，一比五的比例和黄酱或甜面酱拌匀，用香油封住，随吃随取，配炸食最是好。

不管是博山的清炸排骨还是济南的清炸大肠，炸得好的标准，除了好吃，就是吃完了盘子里不能见到油汪汪的油，不然不知道鲁菜妙处的人又会说鲁菜“油乎乎”了。这才是鲁菜的火候，这才是鲁菜的讲究啊。

梦回唐宋缠花云梦 博山卷签

一

博山有一道凉菜叫卷尖（或卷签），用蛋皮包裹着肉糜层层卷紧，蒸后冷切薄片，环环相裹又环环相隔，蛋香肉香怡人，下酒最是好。

做法倒也不是很难。取鸡子十余枚，全蛋磕入碗中，持筷子一双，七寸六分，顺时针转向，将蛋液搅打均匀一色，添水湿淀粉，加精盐（盐为蛋液增筋韧，而淀粉则添黏性），复搅至蛋液淀粉水乳相融状，取滤筛过滤，得蛋皮液一碗。

再取单柄炒勺，博山人谓之“炒瓢”的。名虽叫“瓢”，却有微弧的平底，要铁匠用手工一锤一锤打出来，直径一尺有余，中间略有凹陷、比较厚，周边较薄且锅沿很低，这样的炒瓢厚实、受热面积大，食材炒来受热也更均匀，做个扒菜、锅塌菜便得心应手。也正因为锅沿低，翻炒就更要讲究技术了。

炒瓢烧热，添清油，环状晃动，使锅充分油润，油热冒烟，将油倒出，再下食材，便不再粘锅，博山厨师将之俗称为“逛瓢”。

博山人把做蛋皮称作“吊”鸡蛋皮。吊鸡蛋皮的做法为“烙”而非“煎”，煎则锅内有油，蛋皮起泡影响美观。复起火，将润好的炒瓢烧热，离火置于灶边，右手倾倒蛋液，左手环状晃动，使蛋液顺势晃为圆形蛋皮，待底面将熟，取铲刀沿蛋皮边沿略剔，双手捻蛋皮边翻转，略烙至嫩黄，一张蛋皮便成。手法要快，务求蛋皮薄而圆。锅再置于火上，烧炙热，离火，下蛋液晃为蛋皮，如此反复，可得直径尺余的蛋皮十余张。

蛋皮既好，取鲜瘦猪肉十二两，里脊最好，去筋剔膜，先手切成肉粒，再斩剁为肉糜。章丘的葱、莱芜的大姜，手切得细碎，再加花椒泡出葱姜椒水。如果直接将葱碎姜末混合在肉糜里，那么吃来便不细腻，有粗糙颗粒感，影响美观和味道了。讲究一些的，可以剥几只大虾，碾成泥掺入，味道更鲜。

将葱姜椒水倒入肉糜，再调适量精盐和砂仁面。砂仁又名小豆蔻，以产自岭南的为佳，添它为的是提香且增食欲，鲁菜九转大肠也缺不了砂仁这一味的。现在讲究的人不多了，多是用五香粉或十三香来代替了。再淋些许香油来提香，将肉糜抓搅摔打，如此才能上劲且滑腻。最后用一点糖来提鲜。其实糖除了甜之外，还有一个调味的作用是和味，把各种味合到一起，味道才对。在没有味精的时候，糖是最好的和味剂。

蛋皮已好，肉糜又得，取蛋皮一张，将肉糜均匀地涂抹在蛋皮上，刷上一层水淀粉，顺势紧紧卷起，最后在封口处再用水淀粉一黏合就得了。这样做出的卷尖，一层蛋皮裹着一层肉糜，一层肉糜又包裹着一层蛋皮，环环相裹又环环相隔，层次分明。

老规矩里，博山卷尖还是要有一根“卷芯”的：取猪下五花的肥膘肉，切成筷子粗细，卷在卷尖的中间。现在的人多讲究所谓健康，对肥肉避而远之，就少有人再这么做了。其实殊不知，有了这根肥膘“卷芯”，卷尖才是真的香啊！

再坐蒸锅，架蒸笼，猛火蒸一刻钟。条条黄灿的卷尖出锅，趁热抹一层香油，一是防止风干，二是增香。待冷却后，挥利刃，斜刀切马蹄状大薄片码入盘中，一圈灿黄的蛋皮一圈粉嫩的肉泥顺序环绕，黄粉相间煞是诱人。及至入口，蛋香、肉香在舌尖依次而来，吃一片卷尖咂一口酒，就飘飘若醉了。这也是我回家乡与朋友饮酒必点的酒肴了。

二

博山人关于卷尖的叫法，说是因为此菜卷好后中间粗两头圆尖。其实说起来，卷尖这道菜，名字该叫卷签的，是一道古菜。现在没人考究追溯了而已。

某日夜读，读到了唐代最负盛名的食单之一、韦巨源的《烧尾宴食单》记载了一道缠花云梦肉，还有宋代的文献杂记里出现的“签菜”，便联想到博山的卷尖，似乎有了一些头绪。

缠花云梦肉是唐代“烧尾宴”中的第五十四道菜。烧尾，是唐中宗李显复辟李唐后，凡朝臣升迁，向天子献食，名曰“烧尾宴”，取“鱼跃龙门时，天火烧去鱼尾，鱼才化龙飞去”的典故。

景龙三年（709年）初，韦巨源拜左仆射，殚精竭虑地置办了一席盛筵，并且把这次的菜谱录入日记。北宋人陶谷将其中代表性的饮食摘录进《清异录》，这份《烧尾食单》也就历代辗转，流传至今。

缠花云梦肉属于卷镇菜的一种。所谓卷镇，是传承千年的肉食制作技法：用不同的食材煮熟卷裹，再用重物镇压成型，切薄片装盘上桌。缠花云梦肉就是用肉皮包卷着各色荤素食材，压制成型，切薄片的一道冷吃的肉食，以云梦形容盘曲状肉纹理，故得名。

再往前推，后蜀末帝孟昶宫里有一味“赐绯羊”，是将红曲煮熟的羊肉紧紧卷起，用重物镇压，放入酒里腌到羊骨头都渗饱了浓浓酒香，切成如纸薄片。这也是卷镇菜的一种。现在的酱肘花、千层猪耳就是今天最常见的卷镇菜的代表。由此联想到博山卷尖，恍然有所思，蛋皮包裹着肉糜，紧裹缠绕着，也切薄片，纹理盘旋，这不就是卷镇菜的显著特征吗？

其二，两宋时期盛行一种菜肴形式，名叫“签”。《博雅》载：“签，篙笼也。”至于“签菜”，则是指把原料采用像筷筒一样包拢起来的工艺制作的菜，即一种圆筒状包裹馅料、形像筷子的食物。签菜可以上溯到古膳食八珍之一的肝膋。肝膋以网油蒙于肝上，烤炙而成。《礼记·内则》曰：“肝膋，取狗肝一，幪之以其膋，濡炙之。”郑玄注：“膋，肠间脂。”此佳肴取狗肝用肠间脂包好，放火上炙烤，待肠脂干焦即成。

宋代的签菜就是由肝膋发展演变而来的。《东京梦华录》记有细粉素签、入炉细项莲花鸭签、羊头签、鹅鸭签、鸡签等，《梦粱录》

中有鹅粉签、荤素签、肚丝签、双丝签、抹肉笋签、蝤蛑签等，《武林旧事》记有奶房签、羊舌签、肫掌签、蝤蛑签、莲花鸭签等。宋代洪巽的《旸谷漫录》记载了一则事例，其文曰："厨娘请食品、菜品资次，守书以示之，食品第一为羊头佥，菜品第一为葱齑。""羊头佥"就是"羊头签"。

奇怪的是，在宋代风靡一时的"签菜"，后来却又悄无声息地消失了。

有一种说法是，中国古老的"签"以竹子为原料，签菜是用竹子做成的竹帘来加工的菜。直白地讲，就是现今做寿司时将寿司裹紧用的竹帘。寿司是用紫菜来卷的，而中国的"签"系列菜辗转传承改良用了蛋皮。

还有研究认为，现在河南开封菜传承了当时北宋东京签菜的做法，说以"签"命名的菜一般是主料要切丝，加辅料蛋清糊成馅儿，裹入网油卷蒸熟，拖糊再炸，改刀装盘。

所以，传统的签菜还在，但"签"字很早便消失了。

我觉得说的很有道理。

扯远了，再回来说说博山卷尖。首先，卷尖用蛋皮和肉糜包裹缠绕，也切薄片，纹理盘旋，是唐代"卷镇菜"的特征无疑；其次，卷尖是圆筒状包裹馅料的食物，这一点也和宋代"签菜"很相似；再次，按照老规矩，卷尖要卷一根竹筷粗细的肥膘肉"卷芯"，如此说"卷签"也说得过去；最后，"签"与"尖"字音极为相似，博山因为水质硬，方言中读音多有变异，"签"与"尖"字混音也未尝不是。

卷尖，其实该叫"卷签"。以上是我妄自揣测，或许有些道理，但一家之言，贻笑万家了。

一道小菜，竟然与盛唐繁宋有些关系，有意思。若是让我来说，博山卷尖的名字叫作梦回唐宋缠花云梦博山卷签，才最有韵味了。不说那么多了，去菜市，买鸡子儿鲜肉，回家细细地做几条卷签，切片下酒去。

闲话对虾烧胶菜

最近，我看到有人在说大虾炒白菜这道菜，忍不住也想说道说道。

首先，这道菜应该是大虾“烧”白菜，而不是“炒”。看似一字之差，而烹饪出来味道相去千里。而且这道菜最关键的食材——大虾和白菜，最好要用黄海、渤海产的海捕大对虾和胶州大白菜。所以，严格来讲，这道菜应该叫对虾烧胶菜，源于胶东，是地地道道的鲁菜。

一

白菜是中国的原产蔬菜。据农学家的研究，白菜是由南方的小白菜几经变种和交植，并和北方的芜菁天然杂交而来的。

原产中国南方的小白菜，在古书里叫作菘。南朝萧子显的《南齐书》载：南方有小白菜栽培，称为“菘”。而南朝周颙有文“春初早韭，秋末晚菘是也，味美而食久”，说的就是小白菜，那时候还没有大白菜呢。史至元代，才有了关于大白菜的记载。忽思慧在《饮膳正要》上第一次将“菘”直接叫作白菜，并精细绘制成图。到了明清时期，大白菜逐渐为世人所接受并开始有了广泛的种植。

白菜有南北之分，青黄之别，其中渊源，另文再说。且说北方的白菜，它有诸多品种，如山东胶菜、北京青白、天津青麻叶、东北大矮、山西阳城大毛边等。而产自山东胶州一带的“胶菜”，叶帮细薄软脆，生食清爽，熟食甘肥，最为甜美。在古代胶菜传入日本、朝鲜，被称为“唐人菜”或“山东菜”。

胶菜最味美的季节是霜降后。清史学家柯劭忞作《种胶州白菜》诗曰：“翠叶中饱白玉肪，严冬冰雪亦甘香……” 鲁迅先生《朝花夕拾•藤野先生》一文有这么一段文字：“大概是物以希（稀）为贵罢，北京的白菜运到浙江，便用红绳系住菜根，倒挂在水果店里，尊为‘胶菜’。”所谓“挂羊头卖狗肉”，以鲁胶菜之名卖京白菜，“胶菜”的味美和盛名可见一斑。

二

清朝时，有位山东的学者叫郝懿行，估计也是个美食爱好者，他写了一本书叫《记海错》，写到了山东渤海胶州湾的对虾，他是这么写的："海中有虾，长尺许，大如小儿臂，渔者网得之，两两而合，日干或腌渍，货之谓对虾。"这老兄说得挺对！对虾有好多品种，而产自黄海、渤海的"中国对虾"最是好。这虾啊，学名叫东方对虾，而非长毛对虾和斑节对虾什么的，有时候我不小心也会搞混了。

而称之为对虾，是因历史上渔民习惯按"两个算一对"的产品销售计算而得名的。并非是以雌雄一对来售卖，也不是说它们雌雄相伴为生，终日形影不离才叫"对虾"。实际上雌对虾比雄对虾大不少，并不与雄对虾合群，旧说"大如小儿臂"的多是雌对虾。

这道对虾烧胶菜最好是用雌对虾，而且要看季节，春讯四到六月，秋讯九到十一月的最好，虾的个头大且虾头满是膏黄，肥硕方肥美，有膏才鲜甜。

最后说说做法吧。胶菜一棵，去老帮、留嫩菜茎，菜叶手撕成块，菜帮刀拍切块。大对虾八只，挑沙袋，去沙线，剪去虾枪、虾须、虾腿，切段，虾头一段，虾身两段。现在多是整只烹饪，一是因为虾小，二是因为好看而已。

热锅，下猪油（动物油脂会提升海鲜和素菜的鲜甜和香气），爆香葱姜丝，炒白菜，先下菜帮炒半熟后再下菜叶炒，待软塌，盛出；复热油，葱姜片炝锅，先下虾头，用手勺压出虾脑烹炒。虾脑是大虾中最鲜美的部分，这也是这道菜精华所在。入虾身段，两面略煎，烹料酒，加高汤，点几滴酱油上色，加盐、胡椒调味，汤烧开，加炒软的白菜，小火烧煨至白菜软烂、对虾嫩熟，撒香菜段，淋明油。一道对虾烧胶菜，就好了。

对虾红亮游弋盘里，白菜润白软卧汤中，虾鲜，菜美，味浓。好吃。而我最喜欢，也是这道菜最好吃的，其实不是虾，而是白菜，白菜自身的清香吸收了荤油的香、对虾的鲜，素雅中有香浓，而对虾的鲜又从白菜淡淡的味道中跳跃出来，萦绕口腔。就一个字，美！

孔子的诗礼银杏

我是在济宁曲阜吃到这味诗礼银杏的。

一枚嫩黄的雪梨，洗净去皮，在雪梨一侧覆盖一个“诗”字纸模版，利刃一柄，沿“诗”字边缘刻出轮廓，再沿着字的轮廓削去多余的梨皮，雕刻出凸出的“诗”字样，接着掏空梨心，便成了一枚中空的“诗梨”美器。

银杏白果剥去壳和膜，入锅中焯水，以去苦涩味。将鸡心红枣的核去掉。锅内下油，入冰糖熬糖色，熬至红褐，泡沫汩汩，添沸腾清水，于滋啦声中，便成了一泓浓郁酱红的糖色汁水，闪耀着晶莹的光；加冰糖和蜂蜜于内，再加入银杏果仁、鸡心红枣，煮沸，至酥熟时，取出。再将雪梨放入锅中，用冰糖、蜂蜜、糖色汁水烧制雪梨至酥烂取出，填入酥熟的银杏果仁、鸡心红枣，剩余汤汁用大火收稠，浇于雪梨之中、银杏果红枣之上，一道诗礼银杏乃成。

这时再看：雪梨如玉，汁如琥珀，一个 “诗”字若隐约现地凸现在雪梨上，所谓“诗梨”实为“诗礼”，银杏嫩黄，鸡枣绯红，宛若一幅画般意境深远。待吃到嘴中，雪梨已经被沁染得香甜软糯，银杏清香而鸡枣甜美，酥烂甘馥，大妙。

我于孔夫子家乡，品诗礼银杏一味，追忆圣人教诲，不胜唏嘘。在口舌味美之余，更被这道诗礼银杏背后的故事和父爱感动。

这道菜的名字，据说源于《论语•季子篇》。

相传，孔子教导儿子孔鲤学诗礼曰：“不学《诗》，无以言。”“不学《礼》，无以立。”

我想象着这个场景：有一年的秋日，孔子站在院中那棵婆娑的银杏树下，风很清，吹过如小扇子一般展开的金色的银杏叶，窸窣之声传得很远。儿子孔鲤，恭恭敬敬地过来请安。孔子就问他：“学《诗》了吗？”他回答说：“没有。”孔子就说：“不学《诗》，缺乏文学修养，怎能在人面前说话呢。”孔鲤便回去，勤奋地去学《诗》了。

又过了一段时间，孔鲤又去给孔子请安。孔子问：“学《礼》了吗？”他回答：“没有。”孔子说：“不《学》礼，缺乏道德修养，怎能在世上立身、出事、做人呢！”孔鲤便又回去，夜以继日地去学

《礼》了。

嗣后，这件事传为美谈，孔家后裔也被称为“诗礼世家”。第53代“衍圣公”孔治建“诗礼堂”，堂前种有两株繁茂婆娑的银杏，种子硕大丰满、香甜甘脆。以后孔府请客，总要用此银杏的果实做一道甜菜，用以缅怀孔夫子的教导，并美其名曰：诗礼银杏。

再后来，书香门第人家在子女入塾开蒙或考学及第时，用诗礼银杏这道甜品相待，意为不忘夫子教诲，尊师敬道。

有一次，我去游“三孔”，在诗礼堂前那两株银杏树前驻足良久，想起了孔子对孔鲤的教导，想起了《礼记·礼运》中记载的：“何谓人义？父慈，子孝，兄良，弟悌，夫义，妇听，长惠，幼顺，君仁，臣忠……”我突然觉得，孔子是个好父亲，他给儿子孔鲤留下的，不是物质金钱，而是安身立命处世之道。这个比什么都重要。

我能想象到孔子教儿子孔鲤《学》《诗》礼的那个秋日的黄昏，孔子看着儿子回去学诗礼的背影，脸上一定是露出了慈祥的微笑，夕阳余晖透过银杏树的缝隙洒落在孔子的身上，在地上写下一个大大的“爱”字。

银杏树的枝头开始结种子了，然后成熟，落下，扎根，发芽，就又是一棵新的银杏树的开始……

论一道爆炒腰花的自我修养

我爱吃下水做的菜，最喜欢的是腰花，要是做得好的话，脆嫩鲜美，不由得不爱。

吃过不少腰花入馔的菜，我喜欢的有几道。在自贡一家叫桥头三嫩的小店儿吃过一次火爆腰花，脆嫩火辣，很是喜欢。还有一次是在贵阳，吃了一道宫保腰花，和川味的宫保做法略有不同，用的是糊辣椒爆炒的，也是不错。还有水煮腰花，炝拌腰花，氽腰花……都很喜欢。在眉山一家小馆子吃过一道肝腰合炒最是难忘：鲜肝切薄薄的柳叶片，鲜腰子打了凤尾花刀，用泡辣椒、泡姜、豆瓣酱，热油旺火快炒，猪肝嫩滑，腰花爽脆，香辣鲜美，配着三碗米饭吃了个酣畅淋漓。

而鲁菜里的爆炒腰花，才是我的最爱。因为生于斯长于斯，口味这事儿，还是家乡胃还得家乡味的，一方水土养一方人，这是个没办法的事儿。

说起爆炒腰花的渊源，曾经在明代高濂撰写的一本《饮馔服食笺》中，见到有一味“炒腰子”的做法，文曰:“将猪腰子切开，剔去白膜筋丝，背面刀界花儿。落滚水微焯，漉起，入油锅一炒，加小料葱花、芫荽、蒜片、椒、姜、酱汁、酒、醋，一烹即起。”单看这描述，和如今鲁菜的爆炒腰花就很是相似了。这也说明了一个事儿，爆炒腰花这菜有些年头了。

爆炒腰花好吃，可是想要做好，可不易。猪腰子是极嫩之物，很是考验一个厨师的功夫和火候，过生则血腥，过熟而老硬，所以不易做。

这选猪腰子就要有讲究，新鲜自不必说，个儿要匀称，腰身要柔嫩，色红微赤，颗粒细腻，泛着一层油润光泽的才是一个好腰子。

爆炒腰花，关键在于一个“爆”字。腰子清洗干净，用冷水拔去残血后，要剞花刀，爆的时候才能受热快且均匀，花刀剞得好，这菜才能爆得好，才能形美味鲜。所以这剞花刀呀，讲究更多，多见的是剞麦穗花刀或者荔枝花刀。我吃过的还是剞麦穗花刀的最多，爆炒出来像个大麦穗一样饱满热情。

挥利刃，横刀，先自腰子中部横剖开，分为两半，然后片去白硬的腰骚筋膜；再斜刀，以四十五度角切入腰片，刀入腰片四分之三深处，不可切断，提刀，间隔豆粒儿宽窄再斜刀，以四十五度角切入，这样一刀接一刀，斜刀片完；刀刃调转九十度，改为直刀竖切，最关键的有两点，一是刀口要均匀，二是要在断与不断之间，剞完一片，间隔寸许，切断成块。这麦穗花刀就算剞好了。这可不是一朝一夕就能练出来的功夫，不在案板上磨炼上几年，是做不到如同庖丁解牛般游刃有余的。

济南的爆炒腰花的做法，我见过不少，还是比较喜欢崔义清老爷子编著的那本《鲁菜》里的老谱子。将腰子剞好麦穗花刀后，淋一勺葱椒绍酒去骚腥，极少的一点盐入底味，加水淀粉拌匀上浆。南荠和

冬笋切片，木耳撕小朵，菜心切段，都用沸水氽过。青蒜切段，葱姜蒜切末。再用酱油、料酒、清汤和水淀粉对一个碗芡。醋并没有对在汁芡中，是炝锅时烹醋。

然后起火上灶，热锅入油，烧至七八成热，将浆好的腰花倒入油中，用铁筷子拨散，迅速捞出，一“促”而出，滑油而过，锅内再留底油，起猛火，葱姜蒜米炝锅，烹入陈醋，醋香激发，酸香四溢，接着放入滑油过的腰花和配料，兜炒，迅速倒入对好的芡汁儿，颠翻均匀，淋花椒油，出锅。一道炒腰花，得了。

看这菜谱容易，但真正做起来却很难，因为这道菜极讲究火候。有句话叫“食在中国，火在山东”，讲的就是这火候问题。既然是爆炒，所以烹饪这腰花，火要猛，速度要快，如此腰花才会脆嫩。若是爆炒失当，腰花太生则腥，过老则柴，以刚断生为妙。片成麦穗状，不仅美观而且入味均匀，汁芡太薄则无味，过厚则油腻，汁芡也要酸咸适中方可，看上去要明油亮芡，吃起来不仅味道宽厚，滑润不腻，而且醇香馥郁。吃起来有蒜苗的清香又有笋片的清爽，醋香椒香若隐若现，加上又脆又嫩微带骚香的腰花，吃到嘴里清香满口，余味绕舌。这，才是一道好的鲁菜的爆炒腰花呀!

这也算是一道爆炒腰花的“自我修养”了。

除了济南，博山和潍坊一带菜馆也常做爆炒腰花这道菜，虽然原料工艺略有不同，但是味道总体来说还是比较相近。这三地的爆炒腰花我都吃过，也问过当地的一些师傅，做法还是有些区别的。

博山地区水质硬，饮食多以酸来中和，所以菜肴酸味也重。所以，博山爆炒腰花用醋重，更味酸咸重些，和济南酸中微咸有些微妙的变化。潍坊的和博山的味道倒很是相似。济南爆炒腰花的配菜一般为笋片、玉兰片，而博山则更平民家常一些。我曾经在博山吃过一次以腊八蒜入馔的爆炒腰花，蒜香酸香相得益彰，很是好吃。还有一次，在济南吃过一道用菌菇剞麦穗花刀，然后用作爆炒腰花的芡汁儿做的一道素炒腰花，也脆嫩酥美，竟不亚于真的腰花。

闲话博山砸鱼汤，一条鱼的酸辣第二春

闲话，就是不怕啰唆，不怕跑题，信马由缰地说。今天，就闲说博山的“砸鱼汤”。

博山人的宴席是有讲究的，一席宴会的结束通常都是要以一条鱼来收尾的。譬如，海参席是“参打头，鱼打尾”，燕翅席就是“燕窝、鱼翅打头”，依旧还是“鱼打尾”，就是家宴友聚，最后也要烹条鱼上桌。旧时，因博山地处山区内陆，交通不便，鲜的海鱼不易得，湖河鱼中鲤鱼倒是吃的多，一则图鲜，二来还图一个“‘礼谊’（鲤鱼）往来，年年有‘余’（鱼）”的好彩头。

而且博山宴席上菜是有规矩的。诚如袁枚说过的“上菜之法咸者宜先，淡者宜后；浓者宜先，薄者宜后；无汤者宜先，有汤者宜后”。待菜过了五味，酒也就过了三巡，压轴的鱼就端上桌来。摆鱼也是有讲究的，鱼头要朝着主宾。吃鱼那也是有规矩的，得喝酒，叫“鱼头酒”，讲究的是头三、尾四、腹五、背六。无他，就是图个高兴热闹，巧立名目也为了能让客人多喝几杯，宾主尽欢嘛。

酒酣耳热了，就饱腹胃疲了。袁枚在《随园食单》就曾经说过："度食客饱则脾困矣，须用辛辣振动之；虑客酒多则胃疲矣，须用酸甘以提醒之。"这时候，就需要一碗香热、辛辣、酸甘的博山砸鱼汤来开开胃了。

博山的规矩里，吃鱼，鱼头是要留下的，鱼肉呢也不要吃尽，为的就是做碗砸鱼汤。盘子里剩下的鱼端下去，大师傅用醋烹锅，下一碗高汤，用大勺将鱼头、鱼骨砸碎下到锅里，使其更易入味，用胡椒提味，糖提鲜。汤滚了，甩个蛋花，砸个酸辣鲜甜的鱼汤，有汤鲜，有醋酸，有椒辣。端到桌上，一碗鱼汤下肚，醒醒酒，就又能接着多喝几杯酒了。要是有人吃恣了，要求再砸一遍，大师傅就把做菜剩的一些食材，如肉皮、香菇、玉兰片等也凑进去，甩个蛋花，就又是一遍。要是想再砸一遍，大师傅巧妇难为无米之炊了，估计就该抡着大勺出来急了。

有个笑话，说有个博山人到外地某大饭店吃饭，吃了条清蒸鱼，说端回去让厨师砸个汤。厨师也是个博山人，一听有人要砸鱼汤就知道这位是山东老乡。砸鱼汤喝完了，又让厨师再砸一遍汤，厨师闻言即知这是淄博老乡到了。二遍汤喝完，端回去又让厨师再砸个汤，厨师大喜：这是俺们博山人来了。

这是个杜撰的笑话，听来笑笑罢了。不过砸三遍鱼汤这事儿我们还真干过。年少时有一次几个人喝酒菜不够了，就把一条鱼砸到第三遍的时候，厨师出来给我们送了一个菜硬炸肉，说："兄弟，知道你们没菜了，给你们添一个硬菜，这个鱼也实在没什么鱼味儿了，就别砸了吧？"事后想想，真够出洋相的。

这砸鱼汤说起来简单，其实做起来还是很有些讲究的。中国烹饪协会主编的"八大菜系丛书"中有一本《鲁菜》，其中记载了砸鱼汤的做法："将鱼盘内的余汁和鱼的头、尾放入汤勺内，用手勺把鱼头砸碎，再放清汤500克、酱油5克、盐1.5克、白糖2.5克、烧沸后撇净浮沫，撒上香菜末5克、胡椒面2.5克，盛入汤盘内即成。此汤香气扑鼻，有酸、甜、香、辣、咸五味调和之美。"

而在我的理解里，这砸鱼汤，味型就是鲁菜里酸辣汤的味儿，脱胎于醋椒鱼，与山东海参和乌鱼蛋汤是一样儿的。我爱吃这一口，所以在家吃剩了鱼也常做这砸鱼汤。我的做法：起灶坐锅，油热，下一把蒜末。蒜是和酸甜口特别相宜的，就像蒜爆肉味型一样，待蒜末金黄时，烹一勺醋，这叫炝锅醋。醋入锅沸溅，热油瞬间燃爆，油与醋相融相燃，醋的酸味挥发而去，醋香得以升华，所谓吃醋不见醋。然后加一碗热水（若冷水则腥）把鱼头、鱼骨倒入锅内，捣开，点几滴葱椒泡过的绍酒去腥，以陈醋、酱油、精盐、胡椒粉、白糖提味增鲜。汤沸，打去浮沫，磕一枚鸡子儿，甩蛋花，再沸，浇一次出锅醋，使酸香更醇馥。最后淋入香油，撒上去叶的香菜段，酸、辣、甜、咸、鲜五味复合，一道博山砸鱼汤就得了。

我爱吃胡椒的辣，所以喜欢胡椒先加并久煮，色重辛辣，要是不喜，就出锅时再放。要是还嫌寡淡，觉得汤不够鲜味，更讲究点，还可以加些海米、香菇来提鲜，这就更好了。不自夸地说，我做的砸鱼汤还是挺好喝的。舀一勺，趁着热，吸溜下肚，鱼肉爽滑鲜美，鱼汤香热酸咸微辣回甘，丝丝入味，又酸又辣又鲜。这条鱼啊，到了博山，砸一遍，就在舌尖上焕发了酸辣的第二春。喝完这碗砸鱼汤，热汗淋漓，又可以浮一大白啊。

讲究起来，这砸鱼汤最好是用清蒸或者油淋的鱼来做，才是真的好，因为鱼汤的魂就在这个“鲜”字上，吃的就是鱼的鲜味儿。济南人是用糖醋鱼来砸鱼汤的，八大菜系丛书之《鲁菜》记述汇泉楼饭庄“糖醋鲤鱼”做法时，说：“按照传统习惯，鱼吃完后，还要用其残骨做一碗味美适口的砸鱼汤，酸甜清香，爽口去腻，兼可醒酒提神，别有风味。”

但窃以为此举不妥。所谓味道，应该分为“味”和“道”，烹饪“道”理不对，“味”必然不对。试想，一条裹了厚厚的粉糊油炸过的鱼再砸鱼汤，必然失之油腻，哪儿还有鱼的鲜味可言，而粉糊煮泡于汤中，必然失之黏腻，哪儿还有汤美可言。一条被浓甜大酸勾芡的鱼，必然失之甜腻，哪儿还有调味的余地？一家之言，又是闲说，

不做地域争论。所谓食无定味，适口者珍，我说说自己理解的道理罢了。

除了做法，博山砸鱼汤的名称也是有些争议的：有口字旁“咂”字之说，也有石头旁“砸”字之言，也就是“咂摸”味道与厨师用炒勺将鱼头鱼骨“砸”碎使其入味的争议。我是支持第二种，也就是“砸”字之说的。一般吃完了鱼，都是跟店家说：“去‘砸’个鱼汤。”从这层意理上来说，“砸”鱼汤才是对的。还是那句话，“味”和“道”，“道”不对，“味”必然不对，烹饪如是，名字亦如是。

既然是闲话，那就再多说几句吧。写到这博山砸鱼汤，我突然想起了《水浒传》有一处写了有一次宋江和戴宗、李逵去琵琶亭喝酒的事：

“酒保斟酒，连筛了五七遍。宋江因见了这两人，心中欢喜，吃了几杯，忽然心里想要鱼辣汤吃，便问戴宗道：‘这里有好鲜鱼么?’戴宗笑道：‘兄长，你不见满江都是渔船？此间正是鱼米之乡，如何没有鲜鱼!’宋江道：‘得些辣鱼汤醒酒最好。’戴宗便唤酒保，教造三分加辣点红白鱼汤来”。

宋江……再呷了两口汁，便放下箸不吃了。戴宗道：‘兄长，已定这鱼腌了，不中仁兄吃。’宋江道：‘便是不才酒后，只爱口鲜鱼汤吃，这个鱼真是不甚好。’戴宗应道：‘便是小弟也吃不得。是腌的，不中吃。’……

“一霎时，却辏拢十数尾金色鲤鱼来。张顺选了四尾大的，折柳条穿了，……却自来琵琶亭上，陪侍宋江。……张顺分付酒保，把一尾鱼做辣汤，用酒蒸一尾，叫酒保切鲙。”

这段文字说明了一个事儿，宋江虽出身为郓城小吏，但家境阔绰，养尊处优，吃喝应该也很是讲究，还真称得上个美食家，忽然就“心里想要鱼辣汤吃”，而且鱼上来后“再呷了两口汁，便放下箸不吃了”。当戴宗问道：“兄长，已定这鱼腌了，不中仁兄吃。”宋江回答：“便是不才酒后，只爱口鲜鱼汤吃，这个鱼真是不甚好。”可见宋江对于美食也是极有见解的，嘴也是蛮刁的。

窃以为这道“加辣点红白鱼汤”和博山砸鱼汤应极为相似。辣椒在明末清初才传入中国，《水浒传》虽然写的是宋朝的事儿，但作者施耐庵却是元末明初人，所写食物多有明时风俗，而胡椒是唐朝时传入中国的，初时很是珍稀，到了明时民间方才食用。所以这辣说的绝不是辣椒，窃以为说的就是胡椒。而现在鲁菜很多菜品中关于“辣”的味道也都指胡椒的辣，而“点红”，我猜测应该是加醋，醋为红色。“白鱼汤”应该说的是鲜鱼，因为湖河鱼多为白肉，“白鱼汤”之说也说得过去。

胡椒、陈醋、鲜鱼，味道酸、辣、鲜、香，也是酒后做一道来开胃提味醒酒，这活脱脱就是一道博山砸鱼汤啊。突发奇想，这辣鱼汤和砸鱼汤的“辣”和“砸”是不是与某些地方的音韵演变有关系呢?不好说。

既然闲话砸鱼汤，再多说几句。

我年轻时，很是喜欢摇滚乐，博山也出了不少摇滚歌手，如“冷血动物”乐队谢天笑，汪峰的“鲍家街43号”乐队的贝斯手王磊。我在报社工作的时候，曾经采访过他们，还写过几篇报道。最近写关于砸鱼汤的稿子，突然发现博山出了个“放虎归山”乐队，用博山方言说唱了一首《胡叨叨》，其中还唱到了砸鱼汤：

“老板，给（jǐ）俺砸锅鱼汤啊换。”“好嘞！”“老板，再给（jǐ）俺砸一遍换。”“打上两个（guò）鸡蛋啵？”“行昂！”“热乎乎那鱼汤有辣乎乎的情感，咱淄博人的憨厚朴实都咕嘟在里边，哈不够滴砸鱼汤，是一碗又一碗，像咱百姓的幸福生活一天又一天……”

虽然写的唱的还很稚嫩，但还挺喜庆、挺好玩的。特别是乐队的名字“放虎归山”，嗯，作为一个网名叫“王老虎”的，我挺喜欢的。

又是一篇闲话。

市井烟火味

蕉庄烧饼都似旭日般在博山人的舌尖上升起

博山蕉庄的肉烧饼，是博山人早餐心头的宝。

起早，就为了那一口混杂着酥香、油香、肉香、葱香的肉烧饼。那颜色黄灿嫩白间杂如同斑驳虎背的烧饼，从炉膛里一钩，落在爪篱里，再盛到簸箩里，微微鼓胀，饼上散在着像满天星样的芝麻，诱人得很。要两个，顾不得热，轻轻地咬开一个小口，那肥腴的肉的油香就扑面而来了，夹杂着的是葱的香、姜的香，接着就是面皮的酥脆还有芝麻的香，听到在嘴中嘎吱嘎吱的脆响，突然，就感觉世界明媚起来，就像一轮旭日在舌尖上升起来了。

博山的肉火烧也好，可我却更喜欢这起源于博山蕉庄北桥的蕉庄肉烧饼。蕉庄肉烧饼没有肉火烧那般多肉，却多了一分面脆，少了一分油腻；肉火烧吃的是肉感，烧饼吃的却是肉的油香，借味而已，所以肉火烧是写实的，烧饼就是写意的啦。

一个面团脱胎为这个肉烧饼，要经过一双手的打造，再经过一炉火的历炼。

用黄泥和砖垒砌一个六尺高、三尺见方的饼炉，却要在里面垒进一口水缸做炉膛。炉里的炭烧去了刚性的火，只余下热量在炙。面要和得软硬适度，发而不酸，拉而不断，揉搓再三，揪成剂子，再压成软软薄薄的皮。馅儿用的是肥瘦相间的鲜猪肉，手切成细细的碎，章丘的大葱、莱芜的大姜，也都细细地剁碎了，用一点盐调味，搅拌均匀。红的猪肉、青白色的葱、黄色的姜，看着就有食欲。皮儿包上馅儿，转着圈儿包起来，再一压一展一擀，就成了一个薄薄的饼，随手蘸上脱皮芝麻。在炉膛上刷一遍盐水，手托着烧饼，“啪”的一声烧饼就

借着热量粘在了炉膛内壁，剩下的就交给时间和炉火了。

不一会儿，烧饼就熟了，用一个铲子一钩一铲，落在爪篱里，盛到簸箩里，一个黄灿灿圆圆的、外酥脆里绵香、鲜香味浓的肉烧饼就等着食客了。我喜欢这种变魔术般的过程，喜欢看着一团面被揉捏着、包裹着、碾展着、烘焙着，慢慢地变得鼓胀、微黄，喜欢闻着面饼被一点点烤熟的香，喜欢那浓郁扑鼻的葱香和肉香，喜欢一口咬下那酥脆香浓，油水混着口水滋溢而出的感觉。

真是香啊！这正是：

主妇和面巧三光，鲜肉更添青葱香，
揪剂搓揉压面皮，素手包饼如月亮。
劈柴烧炭炉火旺，青烟翻腾起热浪。
大哥不顾手背烫，肉饼倒贴炉膛上，
腹鼓肉熟饼灿黄，扒篱取出扑鼻香。
肉嫩皮酥嘎嘣脆，大快朵颐味绕梁，
再来一碗酸油粉，此生此世再难忘。

最爱那一口德州羊肠子

我爱吃肥肠，又喜食血旺，二者可以兼得者，东北有锅酸菜白肉血肠，福建同安有碗大肠血汤，贵阳有碗肠旺面，而在山东德州有一样小吃，叫羊肠子。名字虽然叫羊肠子，但确切来说，是羊血灌入羊肠，应该叫羊血肠才对，所以我很是喜欢。

羊肠子是德州最接地气的一样小吃了，而且大多是在夜间小摊儿上常见的。很多年前去德州拍纪录片，兄弟李林酒酣之后带我去了德州百货大楼南十字路口附近一个叫冠香园的夜摊，吃过那一回羊肠子后，从此就爱上了。

后来再去德州，合正农庄的老兰哥听说我爱这一口，深夜把酒言欢后，特意带我去了另一家当地人喜欢的羊肠子摊儿去吃，第二天一早还特意打发人买了送到我的住处当早点吃。那次吃得酣畅淋漓，口

润舌滑，过瘾之极，现在每每想起，犹是口水四溢。

在德州，卖羊肠子的摊子都不大。一个长箱形的推车，中间有一个火炉，上面架着一口烧汤煮肠用的大锅，锅盖是用白铁皮做成的两个半圆形，热气腾腾的，隔了很远就闻到香味扑鼻。有来吃的，摊主就揭开大锅，按客人要肥要瘦的要求，将灌好煮熟的羊肠子放入锅中，稍烫煮片刻，自汤锅中挑起，放到一个浅口粗瓷的蓝边碗中；手持一把薄长利刃，嗖嗖挥舞，手起刀落，须臾，串串羊肠子就被削成了寸许小段；再撒胡椒粉、辣椒油、香菜、盐、味精等调料，舀锅内滚沸的羊汤，浇入羊肠碗中，顿时，香气袅袅，令人垂涎三尺。

我最爱吃的是肥的肠。要一碗最肥的，在昏暗的路灯下，一碗羊肠子颜色晶亮，异香诱人。及至入口，先是被那翻转在肠外、雪白得欺霜赛雪的一层肥糯的羊肠油润了口，接着就是咬到那层脆脆韧韧、柔滑的羊肠衣，再接着是那颤悠悠的粉糯且细嫩、微抿即融的羊血，吸吮着顺着喉咙柔柔地滑下，再喝一口那鲜美的掺杂着胡椒辣、芫荽异香的羊汤，再配上一个刚出炉的热烧饼。那滋味，真的叫一个绝！这香，糯，滑，爽，怎能叫人不爱？怎能叫人不想念？

这羊肠子做起来似乎很简单，就是在羊肠内灌入羊血、淀粉、香料，在羊汤中煮熟而已，但细究起来，却很是复杂而讲究的，也要下大功夫的。羊血要新鲜，要选放养原野的山羊，磨刀霍霍以向，接鲜血于盆，过滤之后，再和淀粉、香料混合搅拌均匀。而装羊血的羊肠需要收拾得异常干净才行，反复清洗，翻转，把带着肥羊肠油的一面朝外，灌上拌匀的羊血，捆扎。架一口大锅，添羊骨头，加香料，滚一锅鲜美的羊汤，再把羊肠子放入锅内煮熟。火候也要恰到好处，肠油要润，肠衣要脆，肠内的羊血要润滑，且嚼之不粘牙，不硬或不成块儿状，口感还要温淡，确实是很有讲究的。

这德州羊肠子，种类亦繁。我考究过，除普通羊肠之外，根据肠衣部位的不同，尚有肥肠、纯油、粗肠、细肠、皮儿等等。吃粗肠的，是贪恋肠内羊血的美味；食细肠者，是慕图肠衣的脆嫩；吃肥肠的，是因为喜欢羊肠外面那层白香的肥油，虽然在常人吃来口感较腻，但这种肥油若是喜欢上就极易上瘾，我就是最爱这种。听闻羊肠子中还有一种叫纯油肠子的，用羊肠子上刮下的白色肥油，里面还带一点羊油疙瘩，腻香非常。还有一种叫皮儿的，是羊肠子最末端之处，细且脆，且不灌羊血。现在做这个的少了，欲食此二味，需提前订。我当日去得晚，未能一品味道，甚为遗憾。

德州羊肠子，有人传说是从河北廊坊流传至德州的，也有传说是清朝时，有个满族人吴三麻子迁至德州后所创，这个我尚未深究过。魏晋南北朝时期高阳郡太守贾思勰《齐民要术》的“羹臛法”中记载了一种“羊肠雌斛法”：取羊血五升，与生姜、羊脂、橘皮汁、豉汁以及米一升、面一升调和均匀，灌入肠中后煮熟而成。吃时，蘸苦酒和酱食用。这便极似如今的米血肠了，而德州的“羊血肠”显然应该也与羊肠雌斛法有些渊源。

北京的一个朋友告知我，北京有一名曰“羊霜肠”的小吃，亦颇类于德州羊肠。曾任《北京文学》主编的林斤澜先生，也曾专门写过这“羊霜肠”：

“霜肠是羊肠子里灌上羊血，圆滚滚的，使小火煮在锅里，以它为主，陪着煮的还有骨头肉、碎肉、筋头、软骨……羊身上没有名份的东西，全在这锅里了。吃主往小桌旁板凳儿上一坐，掌柜的在热腾腾的锅里，用手指头抓起一根肠，拿刀“拉”下一节，切片码在碗底。再抓块碎肉切两刀，抓块筋头切两刀。匆忙又从容，要刀中节又中看。再浇上汤，问声要辣的不要？要酸的不要？洒碧绿的香菜或韭菜末。要是冷天、风天、雪天、雨天，再搭上夜晚，那小火，那热腾腾的锅就是吸引力。”

北京的这羊霜肠又叫“羊霜霜”。因羊小肠里有挂肠油，翻过来后，白似秋霜，羊血灌进肠子放铁锅煮，羊血凝固在肠子里，白色的羊油凝在肠子上，所以得名“羊霜肠”。仔细想想，真的很是贴切呢。比起在德州的名字“羊肠子”，那就更要形象了。

我查过一些资料，说过去在北京庙会或是街面儿的早晚市，都有摆摊卖煮羊霜肠的。有文曰：“羊霜肠可以凉拌来吃，把霜肠烫熟，切寸半段，用酱油、米醋、芝麻酱、香菜拌着吃，清爽香嫩。还有一种吃法类似灌肠，即将羊霜肠切成片，放在铛上煎爆。但一般都是将煮熟的羊霜肠切成小段儿，放入碗中，浇上煮羊霜肠的热汤，放入麻酱汁、酱油、辣椒油、香菜末，还有放酱豆腐汤儿、韭菜末或韭菜花的。一碗热腾腾，又红又绿，香气四溢的羊霜肠，吃者无不夸好。”

要是更讲究一点的，就要用新鲜羊血跟羊脑羼和一块，灌入羊肠子里做成。因为用到了羊血和羊脑，所以也有人把这羊霜肠叫作“羊双肠”。

我还曾经读过一篇文章，讲的是“女伶三杰”之一刘喜奎做的一份羊双肠，读来让人垂涎三尺：“一天大家到吴府吃羊双肠。果然这份羊双肠端上桌来，的确与众不同。一般做法是把买来灌好的双肠洗净，用漏勺在滚水里捞熟加佐料凉拌。这次吃的是用高汤汆的而不是凉拌的，吃到嘴里嫩而且脆，石髓玉乳，风味无伦。据崔老太太（刘喜奎）讲：她的双肠是买回羊肠、脑、血，自己灌的，血多则老，脑多则糜，血三脑七，比例不爽，吃起来才能松脆适度，入口怡然。凉拌的缺点是外咸内淡，只能佐酒，她用口蘑吊汤，加上虾米提味，把每节肠衣上多刺几个小洞，下水一汆，不但熟得快，而且能够入味，保持鲜嫩脆爽。”

如此美味，却只能在书中回味，吃不到，遗憾，遗憾。

扯远了。现在我还记得当年在德州吃羊肠子的那个晚上，一场酒酣之后的夜宵，大家围在卖羊肠子的夜摊推车边，一人要一碗羊肠子，站着吃得热火朝天。那碗羊肠子，肠外白肥，肠衣韧脆，血糯且嫩，汤鲜且美，配热烧饼大啖，真是爽。

那是个夏夜，月明星稀，微风吹过，有美味，有好友，很是美好。

捶鸡面，山东最好吃的一碗面

聊城临清有一美味，名曰捶鸡面，很是好吃。我曾经吃游各地，吃过很多很多的面，仅就山东而言，窃以为，捶鸡面是我吃过的最好吃的一碗面。

要挑好鸡一对，公母各一，公鸡要红冠黑爪、打鸣报晓的大公鸡，母鸡呢，一定要肥硕得油脂丰厚的走地老母鸡。公鸡健硕，选其最嫩的鸡脯肉，用刀背斩茸捶打成泥，磕一枚鸡子，取蛋清，抓匀腌渍，再掺入绿豆淀粉，讲究一点的要用藕淀粉或者菱角粉，搅拌上劲，按压成团，再用木锤和擀面杖一点点捶打揉擀成一张圆圆的薄面片，几可透明，最后切成细条，入锅煮沸，捞入碗中。

那只老母鸡，就清炖取汤。几片葱姜，一小勺盐巴，几粒花椒，除此不要再多调料，吃的就是这走地鸡的原汁原味。火要小火，炖要慢炖，直到皮开肉绽，其肉脱骨，其汤清澈，上漂一层黄灿灿的鸡油，这才是一锅好的鸡汤。

煮好的捶鸡面，再浇上一勺清鸡汤，面薄如白纸，其色似玉，光滑细润，软嫩滑爽，而汤油润香醇。一碗面，汤鲜面美，人称“吃鸡不见鸡，吃面不是面”，大赞！味蕾之上，鸡飞凤舞，好！

这碗面，是我有一年作为美食顾问，带央视《味道》栏目拍摄京杭大运河山东段沿岸的美食时，在聊城临清一家叫尹林居的清真馆子吃到的。后来再去聊城临清，聊城大学的赵勇豪教授知道我喜欢这一口，又特意带着我去吃了另一家，做得更精细了，加了虾仁，面爽滑，鸡汤熬得也香，吃了三碗方才知足。

据说，在“临清码头”这个金瓶梅故事的发源地一带，还有一道捶熘杏叶虾，也很是好吃。这道菜和捶鸡面的做法倒是有些异曲同工之处。每当麦熟杏黄的时节，也是河里的青虾最为肥美的时刻，趁着晨曦，去河边，在一笼纱网中洒下诱饵，网数十只青虾，剥去外壳，去掉虾头，开背去掉沙线，却留下尾巴，像一只凤尾般飘逸。再用葱椒绍酒腌渍过，然后沿着虾的开背处，撒上用鲜莲藕研磨晒干、细腻洁白的藕淀粉，再略抖净，挥木锤，将虾肉捶成杏叶状近透明的薄圆片。这捶打也很讲究，有死捶和活捶之分：死捶是每一锤实实在在地

砸到虾肉之上，却无回弹之举，虾肉就会发硬、发死；所谓活捶，是木锤落到虾上接着回弹，这样捶出的虾肉才会松软、滑爽、鲜嫩。

虾敲好了，烧一锅清水，待水面泛起虾眼一样大小的水珠，在这“虾目水”中，下杏叶虾片，氽熟；再取锅，下一勺吊好的清汤，用精盐、胡椒调味，下氽熟的虾片，白汁熘炒，勾芡翻匀，兜炒，待芡汁裹匀，淋些许葱油，一道白中透红、鲜美嫩滑的捶熘杏叶虾就好了。

我早有耳闻且向往已久了，过几天去聊城，一定央人做一道尝尝。

捶熘杏叶虾这道菜我还没吃过，但我在厦门融绘状元楼，品过好友张淙明烹饪的一味金汤浸敲斑节虾，和这道捶熘杏叶虾极为相似，今日想起犹是难忘，似一缕虾香犹在唇齿留香。

将新鲜斑节虾剥壳留尾，于背部剖开却不斩断，去虾线，展平。虾两面拍干淀粉，置于案板，取一小木槌，长一尺余，粗寸许，于虾身之上反复均匀敲打，砼砼嘭嘭之声不绝于耳。需慢敲而轻捶，过之则成虾泥，轻则虾纤维不断食之无味。与李太白所言“只要功夫深，铁杵磨成针”似有异曲同工之妙！待捶打至薄薄的虾片，提起对亮光，似有半透明之状，方成。

薄薄虾片既成，再用氽之烹调技法，烧铁锅，滚沸水，将虾片入沸水氽烫片刻。此过程甚为讲究火候，过烫则虾肉紧，过生则腥，待虾肉色白透明，捞入盘中，浇上南瓜做的汤汁，一道金汤浸斑节虾成矣。虾尾鲜红呈扇形，金汤艳黄，油菜翠绿，清新而又色艳，煞是好看。就味道而言，南瓜金汤略略甜味，仅用海盐提鲜，口味淡雅之极，斑节虾的肉质完全凸显出来，嫩滑鲜美，清口爽脆。

还有一次，我带队拍摄美食纪录片《搜鲜记》，在福州吃过的一味肉燕，其做法也颇有相通之处。这碗肉燕是在福州三坊七巷一家叫同利肉燕的老店吃到的。膀大腰圆的伙计架设肉墩，选后腿精肉，置于墩上，挥舞木锤，上下翻飞。此木锤长二尺，头长约一尺为圆柱状，后一尺为把柄。锤打看似简单，耳边只闻叮当叮当之声不绝，但细观之下发现其甚是讲究亦颇有技巧：右手持木锤，每捶一下，左手需伸食指、中指将肉泥按顺时针搅拌一下，捶一下搅一下，如此方可使肉的纤维变得更加劲道。

新鲜精瘦肉锤打成泥，撒上薯粉，如同和面般，揉成肉泥粉团，置于案板之上，手持擀面杖，反复压碾，擀成薄片。此法类于擀馄饨皮，待擀至其薄如纸，取一圆棍，将圆皮缠绕其上，或折叠刀切，或用剪刀裁剪。此中尚有讲究，切成丝状称为“燕丝”，切成片状则称为“燕皮”。燕丝可如面条般煮熟食用，因含鲜肉，清水煮之亦美味。而燕皮则包裹肉馅，称为肉燕。

肉燕的包法也讲究。一小姑娘将肉燕皮置于手上，一角放馅，用筷子顺势卷起，手紧握，用拇指、食指环绕捏紧，一只肉燕就做好了。包好后的肉燕肚鼓尾散，形若燕状。下锅煮熟，燕皮薄如白纸，其色似玉，光滑细润。尝之，其肉馅口感软嫩，汤鲜燕美，味蕾之上肉燕纷纷飞！

一鸡，一虾，一肉，吃鸡吃虾却不见鸡虾，味道却胜过吃鸡虾肉。烹饪之妙，尽于此。至今难忘。

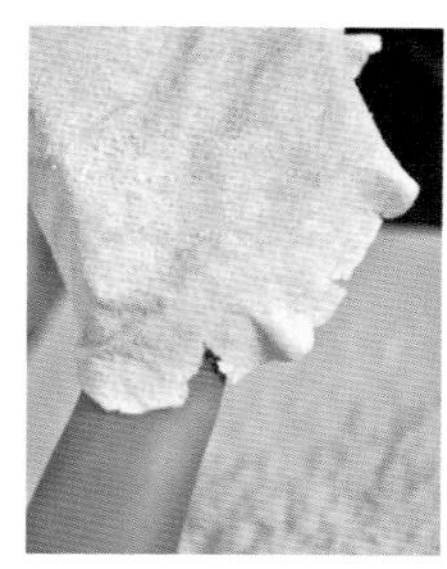

一碗故意熬煳却煳中透香的糊粥

有一年仲夏，作为美食顾问，我带央视《味道》栏目组拍摄京杭大运河山东段沿岸的美食，数百年来盛行于鲁西微山县至济宁市运河两岸的糊粥，自然也是不能错过的。

济宁，我去过多次，拜祭过孔夫子，也曾在微山湖上泛舟，追寻过大运河，当然更少不了去追慕众位梁山好汉。记忆中最难忘的一次是陪着台湾的一批书法家到济宁拜孔子看汉碑，所谓“天下汉碑半济宁”，那些书法家的赞誉让我颇为济宁骄傲了一番。

那天天刚蒙蒙亮，起早，披着晨曦，当地一个朋友带我们一行人到了济宁的一家店。这家店挂招牌大字“粥泡羊肉”，却无“糊粥”之名。朋友告诉我，糊粥在济宁当地还被称为白粥，简称为粥，而卖糊粥的店铺也直接就叫粥铺，而不是糊粥铺，所以在当地，一提喝“粥”

去，说的就是去喝糊粥。

原来如此。店不算大，但人熙熙攘攘，每个人面前都摆着一个盛满糊粥的大碗，还有一些油条、馓子之类的吃食，喝得不亦乐（yuè）乎。一个三四岁大的孩子，也被母亲带来，乖乖地坐在桌前，自己用小勺子，小心翼翼地喝着，看到我们在拍她，羞涩地笑，很是可爱。

柜台上摆着几个肚大口圆、半人高的大坛子，外边裹了一层棉被和塑料布，想来是保温用的。一个大嫂一手持白底蓝花大碗，一手拿舀子，手脚利索地在给顾客从大坛子舀出浓稠的糊粥。粥是极其稠的，舀到碗里，似乎都能浓稠成一条线。旁边的桌子上，有切好的羊肉、煮好的五香黄豆，还有切得细细的豆腐皮丝，还有馓子、油条、煎包等吃食，闻着飘在粥铺里的各种吃食的香气，我不禁食指大动。

朋友很是豪爽好客，按照当地的吃法要了满满一桌子。糊粥端至眼前，观之，色淡黄中泛着奶白，莹润细腻，呈半凝固态，很是浓稠，还带着舀粥时泛起的一串串气泡，好似有大珠小珠落玉盘般的感觉。嗅之，一股米香豆香扑鼻而来。而且这次前来，我才知道喝糊粥要配豆腐丝和煮好的五香黄豆，奢侈一些的可以泡上切好的羊肉，这样味道会更为浓郁。

朋友说，喝糊粥的标配是馓子或者油条。油条自不必说，若是把馓子掰碎了泡在粥中，馓子酥脆而糊粥浓稠，稍待片刻，馓子在糊粥中略略变软，内里依旧是酥脆的，更为好吃。我依言在糊粥中加上豆腐丝、五香黄豆，泡上几片羊肉，再把馓子掰成小段泡上，略微搅拌，尝尝。糊粥果然有一种独特的

糊香味，是米豆清香甘甜中微带苦味的感觉，糊粥的细糯滑爽、豆腐丝的微咸，加上煮黄豆的五香，还有羊肉的肉香，以及馓子的油香，混合在一起，实在是香，让我一行人稀里呼噜吃得甚是欢畅。

看我狼吞虎咽的吃相，朋友又说，喝糊粥也是有讲究的。糊粥有个奇妙之处在于不挂碗，也就是说顺着碗的一边喝罢，一点粥也不沾在上面，碗像没用过一般。所以，喝糊粥要转圈喝，一只手捧着碗，手一转，嘴一吸，一碗糊粥转两圈就下肚了。这点倒是和喝北京的豆汁儿有异曲同工之妙。

说实话，对于糊粥的第一印象，颇似我第一次品尝北京的豆汁儿，入口很是怪。豆汁儿喝起来会让人有酸涩苦馊之感，进而怀疑它已经是馊坏了的，而糊粥对于初尝者来说，则是有煳焦之味，让人感觉此粥熬制之时煳底了。后来，也就明白了，豆汁儿是因其发酵，而糊粥则是刻意为之。入口米香、豆香交织而略有煳味，故称"煳"粥。若没有煳味，就不地道了。

我疑惑这糊味从何而来，尝试着问老板做法。老板只是笑，却语焉不详。问济宁的那位朋友，他说自己也是知道个大概，关键步骤或许只有那些粥铺的经营者自己掌握，不为外人所知。

朋友说，做糊粥，用的是小米和黄豆，也有人说还要加些大米在其中，但其配比就不得而知了。想来也是，糊粥颜色有小米的黄又有豆浆的白，喝来有米粥的香又有豆浆的味儿，这个错不了。然后将金灿灿的小米，用清水泡软，用“豆腐磨”磨成米糊，用筛箩或用笼布过滤一遍，篦去米渣，盛到盆里，略略静置。圆鼓鼓的黄豆，也是一样的过程，用清水泡得胖胖的，磨浆过滤。生炉火架大锅，先把豆浆熬煮沸腾，撇去浮沫，再将米糊倒入，不停地搅拌，并不时地一勺勺把粥扬起来熬煮。有一个说法叫“打起来，开三开，再开两开，就出锅”，而这时候就要注意火候了，与锅底接触的粥要略微煳锅，但又不能煳焦过火。这样才能有煳香味儿却不是煳焦味儿，要的就是那股“煳”中透香的煳味，这样闻起来香，喝起来爽，且极其养胃。

朋友讲得很是尽兴，我又疑问糊粥从何而来，有多久历史。朋友直言现在他也没有钩沉清楚。有说自清至今已有300多年的历史，还有的说煳粥是汉吕后发明的，吕氏后人相传至今，如此说来就有2000多年历史了。还有的说，清代郑板桥曾留有“难得糊涂”，这“糊涂”原本就是糊粥，是他喝了这里的糊粥后发的感慨，后来此语竟成了处世的箴言。还有人说，这糊粥深得当时“天下第一家”的衍圣公府厚爱，被称为孔府贡粥……

对于这些传说，我自是不尽信，传说只是传说，美食文化需要的是有史载或烹饪道理的考究。下次若是再去，我一定好好寻访一番。对了，我曾经去过云南，喝了一碗稀豆粉，除了煳味，和济宁的糊粥倒是有很多相似的口感，也有些意思。

最近又去了曲阜，给孔子美食文化节拍照片，想起那碗糊粥，不禁又馋了，特意问了当地的朋友哪家糊粥好。第二天清晨依言找去，要上一碗粥，三两羊肉，一碟豆腐丝，一碟咸黄豆儿，一个面饼卷油条。豆腐丝和咸黄豆儿还有一半的羊肉泡进糊粥里，另一半羊肉和油条一起卷进面饼里，大快朵颐，一解馋思，很是过瘾。

济宁的这一碗故意熬煳的“浓如酱，喝似水，喝净粥，碗如洗”的糊粥，滑润爽口，沁人心脾，让我至今难忘。

济南的清晨
和一枚烧饼夹牛肉一起苏醒

烧饼烤得焦黄，牛肉炖得喷香，
菜刀磨得锃亮，案板叮当声响。
火烧牛肉夹上，再来一碗羊汤，
吃得满嘴流油，肚子圆鼓满肠！
老板，再来一个呗！

清晨，能唤醒你的，除了闹铃，少不了一顿你最喜欢的早餐了。这样的早餐食物，在济南，对于我来说，是一个烤得焦黄酥脆、洒满了芝麻的烧饼，里面满满地夹着软烂酱香的牛肉。一口咬下去，香得似乎口水和肉汁都四溢出来，暖心又暖胃。胃口醒了，人也就醒了。

济南的早餐是有些地方特色的，可以是一碗清馨的五香甜沫配一枚酥脆的螺旋状的葱油油旋，可以是一碗麻酱韭花辣油商河老豆腐配一根炸得黄灿的尺长油条，或者一个凝着蛋黄、油香满口的炸鸡蛋包。爱吃肉的，就得用一块秋油五花把子大肉和四喜丸子、卷尖、酱辣椒配一碗黄河好大米干饭。还有，就是我最爱的烧饼夹牛肉，而且一定要配一碗热气腾腾的羊汤。

济南的烧饼夹牛肉有点类似于西安的腊汁牛肉夹馍，窃以为，这是肉类和面食两种食物的最佳组合。单吃肉油腻，单吃饼寡淡，可一旦融合一起，就如同伯牙遇上子期，干柴碰上烈火，顿时味道便丰盈起来。二者互为烘托，互为补充，将各自的滋味都发挥到了极致。

烧饼夹牛肉好吃，关键是烧饼要烤得酥脆且有麦香芝麻香，牛肉要炖得香醇而软烂。所以一个好的烧饼夹牛肉，首先火烧要好。而在我看来，烧饼绝对堪称对面食最好、最淳朴

的一种诠释。不论面条花样如何繁多、卤子如何多变，不管馒头如何暄软，不管包子馅料如何丰富鲜美，都是面与通过火煮沸的水的间接结合。而一个简简单单的烧饼，却是面与火最直接的完美表达。人是因为发现了食物与火的关系才有了烹饪的概念，所以在我看来，烧饼才是面与火的最完美的涅槃。

讲究的要用新麦面粉，要用老酵母来发面。巧手和面后，略略饧发，在面板上揉搓加劲，搓长条，揪剂子，用小擀面杖略擀成长条，顺次卷起，压实，再蘸上芝麻，再擀成饼状，饼胚即成。若是做麻酱火烧，就麻烦一些，要把面团擀成一个大皮子，下麻酱，抹匀，卷起呈长柱形，揪剂子，蘸芝麻，再擀成饼状。

饼胚已好，便是烤制。一个炉子，分上下两层，上为平台，下为烤炉。饼胚先置于平台上定型，待饼微微发黄白，再置于下层抽屉状烤架上送入炉中煨烤，待表面金黄，饼身也变得膨胀起来，麦面香四溢。这样的一个烧饼的口味才能发挥到极致。

麻酱烧饼烤好后单吃就香醇得很，这个以后会讲。夹牛肉的是白面烧饼，要另配牛肉碎等，烤炉旁边一锅热气腾腾的牛肉浓酱煮熟，红润油亮，让人看了就有食欲。牛肉更有讲究，需当天宰杀的鲜牛肉，全身各部位肥瘦带筋的都要有，因为人的口味不同喜欢吃的部位不同。八角、花椒、桂皮、香叶、葱姜、料酒、酱油等各种香调料俱全。牛肉斩大块，下锅，大火烧开，再转小火，慢慢地煨炖，须肉软且糯，糜且不烂，方为最佳。

将牛肉用漏勺从锅中托出，肥瘦分开，挥利刃，在案板上叮叮当当剁成粗块，间或浇肉汁于肉上，再剁，直到成肉碎。取一个刚出炉的热烧饼，从侧面破开，一股热气夹着浓郁的麦香和焦香便四溢出来，将牛肉夹于烧饼中。这里也甚有讲究，烧饼一定要是刚出炉的，若火烧略凉，外皮便不焦酥，口感就大打折扣。牛肉夹入热烧饼，肉汁浸入饼瓤之中，更为惹味。要是不特别和店家强调的话，所夹的牛肉都是肥瘦各半搭配的。像我这种重口味的一般要偏肥的，这样吃起来，才会有丰腴的肉感和牛油的异香。

吃烧饼夹牛肉一定要趁热，一口咬下，外皮焦酥，那满满的芝麻香让咬下去的每一口都透着酥和香，而内瓤却是柔软的。再咬下去，就是牛肉的浓郁醇香，热气和着香气扑面而来，香得口水和肉汁四溢，妙不可言。再配上一碗羊肉汤。济南的早上，这样的美味刚刚好！

济南做烧饼夹牛肉的，多在回民小区里。2005年我来到济南，租住在回民小区旁的一间陋室，懒得做饭，就每每去回民小区买一个烧饼夹牛肉果腹敷衍。有时也央求店家不夹，单要牛肉和饼，再索要牛肉老汤一份，回家途中割一块豆腐，买几个土豆，回家做牛肉炖豆腐和土豆，再配烧饼大啖，也很是美味。

回民小区卖烧饼夹牛肉的有很多家，米家是我在济南吃过的第一家，有时候也去老西关黄老太那里吃，再在对面的周家泉水甜沫摊喝碗甜沫，或喝碗地瓜羊汤家的清真羊汤……其实，每家的味道差别并不是很大。我有个习惯，吃过哪家好以后，就固定吃哪家。以前经常吃的是米家，以后有一段时间一直去清真女寺斜对面老杨家去吃。老杨两口子人好，够实在，烧饼烤的香肉夹得也够多、够实在，很对我的脾气，所以我们就成了朋友，后来索性就一直在他家吃了。

有一年央视一套拍《吃货传奇》，让我带着栏目组介绍拍摄济南美食，我带着去了老杨那里，栏目组拍摄人员也说好吃。

十几年过去了，我买了房子搬离了回民小区，离得有些远了。烧饼夹牛肉也从刚开始吃时的两块五涨到了七块钱一个，今年又涨到了十块钱一个，即便如此至今每每路过，还是要去吃的。

前几年济南创城，回民小区拆违，好多家烧饼夹牛肉都关张了，所幸老杨家还在，还在原来地方重新租了房子。黄老太家还在，从清真南大寺门口往北搬了一百米，在原来老根餐厅被拆后新开的一个市场里。米家还在，退到房子后边去了……

我们喜欢的早餐烧饼夹牛肉，还在。这就好。

十年一晃，白驹过隙。有一次去回民小区吃火烧夹牛肉，看着当年的小米头发也有些秃了，老杨皱纹也多了。本来是他亲兄弟俩一起干，一个打烧饼，一个夹牛肉，现在哥哥不干了，只有他自己在干了，再看看我自己，也渐老了，吃个烧饼夹牛肉，竟吃出了些许时光的感觉，哎……

济南的清晨和一枚烧饼夹牛肉一起苏醒，而我的青春，和这个烧饼夹牛肉一起流逝。

煎饼卷猪头肉的博山清晨

窃以为，治疗乡愁有两个办法，一是能畅快地用家乡话聊聊天，二就是吃一顿家乡的饭。那熟悉的味道，不一定有多可口，但一定是最亲切的。

食物从来都是从心的，本质，是爱。我的舌头是唯物主义者，但我的胃是唯心主义者。所以，味道，自有分别，但胃口，从来没忘记乡愁。

这种感觉让我总结了一句话：家乡胃还得家乡味。只要是亲人亲手所烹的，只要是和亲人在一起的，只要是家乡的味道，便是，人间好滋味。

每个地方都有让人想念的味道，对于我的家乡博山，我最怀念的早餐，是煎饼卷猪头肉，每每回去，必须大啖一顿，方才解馋。猪头肉常见，煎饼亦是平常的，而煎饼卷猪头肉这样的搭配，作为早餐，我只有在家乡才能吃到。

博山的早点是很有讲究的。若吃煎饼卷猪头肉，讲究的是煎饼要热，猪头肉要凉且是要带肉冻的，而喝的，必须配猪血汤。煎饼一定是要热鏊现摊的小米煎饼，猪头肉要吃簸箕掌的。因为博山赵庄簸箕掌附近以前有个肉联厂，簸箕掌村因了挨着肉联厂，所以很多村民精于制作肉食，猪头肉和剔骨肉做得尤其好。

几个肥头大耳的硕大猪头，用烧红的烙铁烫，再用滚烫的热水浸泡，刮毛劈开，用秘制的调料，慢火卤煮到皮肉软烂，但博山人吃猪头肉是不喜热吃的，必须吃带着肉冻的，所以冬日要放到屋外，夏天要放到冰箱里去“砙”肉冻，猪头肉里那浓郁丰富的胶质，和醇厚的酱一起，让一锅猪头肉带着肉冻被“砙”得酱红香醇，软糯酥烂。

选自己喜欢吃的部位，或耳朵或口条或猪脸。口条、拱嘴处吃的是肉嫩细腻，脸腮处吃的是皮滑肉嫩，最妙的是猪耳，切得薄薄的，带着些许的脆筋骨，咬在口中略有嘎吱脆头，最好吃。称上三两猪头肉，叫店家切得飞薄，盘子底下舀上颤悠悠酱红色的肉冻，猪头肉码放其上，和热乎乎现摊的小米煎饼一起端上桌来。正宗的吃法是把热煎饼摊开，把猪头肉散落在煎饼上，一定要再加一些肉冻，卷成桶状，大口咬下，煎饼的米香和猪头肉的肉香交织在一起，热热的煎饼和冰冰的肉冻在口腔形成了独特的感觉，妙不可言。

除了猪头肉，还可以来点酱卤的肥肠或者猪肚，那滋味就更浓厚了；还可以叫店家炒个鸡蛋来吃，磕两枚鸡子儿，搅打成蛋液，热锅热油，蛋液下锅，兜炒得极嫩出锅，若想吃点辣味，就放些辣椒炒成辣椒炒蛋，卷在煎饼里，也是好吃得很呀。嫌早上吃猪头肉太油腻，想吃点素的，就来块用肉汤煮过的炸豆腐，切细细的条，用葱丝拌了夹上，也好吃。小菜呢，可以来盘苤蓝丝儿，青的豆嫩脆，红的花生甜香，黄的海米鲜香，白的苤蓝丝清清爽爽，伴着花椒的麻香清香爽口。还可以来盘花生青豆猪皮冻，再来几条“大头熗”咸鱼，也好吃呀。

吃煎饼卷猪头肉一定要喝猪血汤。必须用当日现杀活猪放血所做的血旺，必须猪油炝锅，那样才香，必须加多多的胡椒，胡椒独有的香辣冲淡了血旺的微微腥臊，糯而香，浓郁扑鼻。咬一口猪头肉卷煎饼，喝一口猪血汤，这是博山早上最奢侈的早餐。

我每每回博山，早上，总是先去来一顿猪头肉卷煎饼，再去吃一碗烩牛肉。胃口，回来了。心，也就回来了。

家乡胃，还得家乡味儿呀。

蓬莱小面&重庆小面：一半是海水，一半是火焰

面条是种神奇的食物。

一捧平淡无奇的面粉，加水，揉成面团，在厨师的手中，擀、抻、切、削、揪、压、搓、拨、捻或剔，再通过蒸、煮、炒、烩或拌，再加上浇头、卤子、酱料、配菜，转眼间，那捧很普通的面粉就成为一道道或宽、或细，或空心，或奇形异状，或咸，或酸，或辣，或香得诱人的面条。

而在众多的面条中，名为“小面”的，我知道的只有两种：蓬莱小面和重庆小面。但同样一碗叫作“小面”的面，却有两种不同的景象。我依稀记得美食家沈宏非曾将鸳鸯火锅中清汤的一边比作徐志摩笔端康桥下荡漾的清波，把麻辣的一边比作但丁笔下地狱里奔腾的熔岩。那么在我看来，一碗海鲜卤子的蓬莱小面和一碗麻辣火热的重庆小面只能用王朔的那句“一半是海水，一半是火焰”来形容了。

蓬莱小面和重庆小面两种面我有幸都在原城市吃过。第一次吃蓬莱小面，是与美食诗人二毛哥录制美食纪录片《搜鲜记》时，在烟台一同品味。二毛哥是重庆人，对重庆小面自然味熟，但是对同为小面的蓬莱小面尚未品尝，按他的话说是“今日见之，必尝为先！”

蓬莱小面上桌，只见薄薄一层勾芡的卤子覆在面条上面，隐约见鱼丁、蛋花、木耳等物，并不见面条踪迹，需将一窝面自下挑上，与卤子搅拌均匀。尝之，面细而韧，海鲜卤子鲜味扑鼻，刺溜一下，滑入口中，隐约有口水溢出，滑爽香浓，颇有些江南面条细腻的韵味。烟台当地的朋友周毅告知我，此面为人工抻拉而成，当地俗称“摔面”。兰州拉面虽也是抻拉而成的，但蓬莱小面与福山大面区别于兰州拉面之处，是不加蓬灰而是加盐，反复和面抻拉，唯有如此，面方可条细、滑韧。

煮面亦有讲究。面条煮熟需捞出，入冷水盆内过凉，这样出来的蓬莱小面方才面条光亮，筋道异常。而蓬莱小面的卤子调制更是讲究。如果小面算得十分，“摔面”可占三分，卤却得有七分，所谓“三分小面

七分卤”。

正宗的蓬莱小面的卤一直沿用鲴鱼。此鱼当地俗称加吉鱼，而现在除了加吉鱼以外，亦可用辫子鱼、黑鱼、海蛎子等做卤，味道亦是鲜美。老母鸡和猪棒骨熬汤，将加吉鱼鱼骨、肉剔开，鱼肉入汤中烧沸煮熟，下蛋液，起蛋花，添以酱油、大料面、木耳、香油等，勾绿豆淀粉薄芡，浇入面条碗内即可。盛蓬莱小面的碗一般都是玲珑小碗，只盛得一两，面少而卤子多，故称小面。面条柔韧，汤卤清鲜，热气腾腾的蓬莱小面，此中尚有如此学问，佩服。

第一次吃重庆小面，是很多年前，我和中国美食同盟会的十八位兄弟姐妹们做“巴蜀食记”活动，在重庆一家叫十八梯眼镜面的店吃的。

那是一个初冬，早起，就是为了一碗重庆最有名的眼镜小面。那面馆在一条破旧小巷，破旧的房屋也不大。面馆屋内，一口大锅煮着面热气腾腾的，一张长条桌摆满了各种调料。一个戴眼镜的男子在调着佐料，旁边一个屋子，几个大嫂正在收拾新鲜的牛肉，忙得不亦乐乎。真是“山不在高，有面则名，虽是陋室，唯吾面香”！

听说重庆人对重庆小面的热爱不亚于火锅，早上他们的味蕾就是从一碗面苏醒的。果不其然，我们那天其实去得甚早，但面馆内外的人已经熙熙攘攘。简陋的桌椅旁，男女老少，形形色色的人聚在一起，不管是漂亮的美女，西装革履的男士，挑货搬运的棒棒，上学的学生，都不顾形象，稀里呼噜地吃得正香，为的就是这一碗重庆小面。

我吃的这家眼镜小面用的是机制的新鲜水面而非碱面，煮面甚为讲究。据当地人说新烧出来的水煮面味道不好，非要下过面的二道水煮出来的面才最好吃。最好还是锅深水多、火旺不溢锅，这样下出来的面里外受热均匀，软滑略韧方才好吃。

在我的印象中，一碗好的面讲究的是面条筋道顺滑，汤头鲜香浓郁，卤子浇头有滋有味。重庆的朋友告诉我，重庆人对小面优劣评价的标准不但要面好，关键还在佐料。小面的佐料是其灵魂所在，要先调佐料，再入面条，所以各个小面馆都是老板亲自调料，其中的比例不得而知，各家不同味道也各有千秋。

佐料是小面的灵魂，而油辣椒又是佐料的灵魂。据说好的辣椒面要选四川二荆条辣椒和贵州的朝天椒等几种辣椒，剪成小段，用铁锅“三热四炕”，用石臼捣碎成辣椒面，然后再用热熟菜油分几次浇泼其上，就成为辣香扑鼻的油辣椒。花椒也不能马虎，最好用茂汶的。这两种调料一定要非常新鲜才可以达到最美味的效果，所以面馆要天天换这两种调料。

我要了一碗牛肉小面，三两面条、四块牛腱子肉。看老板手持海碗，手脚麻利地调入葱蒜、酱醋、油辣椒、花生碎粒、芽菜等调料，再盛入面条，复又浇上红红的卤制牛肉，看起来红艳欲滴，极为勾人食欲。牛肉异常惹味，而面滋味十足，咸鲜香麻辣，辣而不减面香，麻而不失香醇，直吃得鼻尖冒汗，辣得舌尖打滚，让人吃出了一种淋漓尽致的境界，让我至今难忘。

蓬莱、重庆，两个地方，一在海滨，一处内陆。两碗面，一碗清淡，一碗热烈；一碗尽显海的味道，一碗足够麻辣之香。试想，若在一家店中，同时吃到一碗蓬莱小面和一碗重庆小面，味蕾之中便如同一半是海水，一半是火焰，水火交融，那面的滋味应该是绕梁三日不散，期待……

秋风十里，不如一块济南把子肉撩拨你

济南的秋天

关于济南的秋天，老舍先生这么写道：

“济南的秋天是诗境的。设若你的幻想中有个中古的老城，有睡着了的大城楼，有狭窄的古石路，有宽厚的石城墙，环城流着一道清溪，倒映着山影，岸上蹲着红袍绿裤的小妞儿。你的幻想中要是这么个境界，那便是个济南。……

“在秋天，水和蓝天一样的清凉。天上微微有些白云，水上微微有些波皱。天水之间，全是清明，温暖的空气，带着一点桂花的香味。山影儿也更真了。秋山秋水虚幻的吻着。山儿不动，水儿微响。那中古的老城，带着这片秋色秋声，是济南，是诗。”

多美的文字啊！在这个秋天，不用看风景，读到这些文字，心就像被秋风拂过一样，撩拨得都醉了。

五花，三层。
用蒲草，让玉环的肥夹着飞燕的瘦。
砂锅，一只。
用酱油，以最小的火和最大的耐心。
等待，等待。
用时间，等袅袅的肉香塞满了空气。
环肥，燕瘦。
用味蕾，感受一块把子肉的高潮迭起。

但秋色再美，秋风再柔，真正撩动我心的，却是一块济南秋天的把子肉。济南的把子肉，是属于济南的秋天的。

用秋天开了胃口吃而肥硕的“秋猪”的肉，用水塘里凋零的“秋蒲”香草来捆扎，用晒过了三伏的第一抽“秋油”来调味，用秋天收获的晚“秋稻”做一碗好米干饭，来补一个馋人的“秋膘”，这才是一块真正的济南的把子肉。

想象着，一锅糯糯的肥瘦相间的把子肉，在一口热气腾腾的锅中咕嘟咕嘟地炖煮着，褐赭色的汤飘着浓郁的酱香，还有隐约的蒲草清雅的香，像闪着秋波“回眸一笑百媚生，六宫粉黛无颜色”的贵妃出浴般捞出，在舌尖，却是像舞姿轻盈如燕飞凤舞的赵飞燕般轻盈地舞蹈着。想着想着，心里就美得像被一阵秋风拂过，撩拨得心思大乱，心痒难耐。

一口咬下，就像苏轼《孙莘老求墨妙亭诗》说的那样“杜陵评书贵瘦硬，此论未公吾不凭。短长肥瘦各有态，玉环飞燕谁敢憎”，唇齿间，“环肥燕瘦”缠绵着，于是，味蕾上，“春宵苦短日高起，从此君王不早朝”。

秋猪

当秋风夹杂着秋雨掠过大明湖，在湖面上落下层层涟漪，济南的秋天，到了。

春江水暖，是鸭先知，而秋来，则是猪先吃。丝丝凉爽让饱受酷暑食欲不振的猪，胃口大开。而秋季丰收的庄稼又让人们有了喂猪们的充足食物。猪吃得多，凉爽了又能睡得足，不想长肥都难，猪长膘了，人才能“吃膘”，才能“贴膘”，才能“贴秋膘”。顾名思义，秋膘就是秋天的膘肉嘛！

我不知道“秋后问斩”这件事缘何而来，但这个词放在杀猪身上确实贴切，秋猪吃得膘肥体壮了，秋天的人们也想“贴秋膘”了，一拍即合，那就“秋后问斩”呗。正可谓：

慷慨歌屠市，从容作牲囚。
引颈甘受戮，不负肥猪头。
微火煨烂熟，酱汁煮香透。
狼吞虎咽忙，大快朵颐够。
谁最贴秋膘，还是把子肉。

秋蒲

当夏来了的时候，济南大明湖和很多水塘里的香蒲便葱郁起来。采了嫩茎，生食就清香满喉，那是春的味道在夏的味蕾上摇曳。吃蒲菜，可以吊奶汤，做一道奶汤扒蒲菜，还可以用锅塌的方法做锅塌蒲菜，清炒也脆嫩。我最喜欢的是蒲菜饺子，手切了肉馅，借荤添香，再加几枚虾仁，就更惹味了。

蒲菜六七月吃最好，过了季节，到了秋天，蒲草凋黄，就拿来捆扎肉片，做把子肉，肉香、酱香中隐约有蒲草香。蒲草再老一些，就编几把蒲扇，摇起来，赶走夏末秋初的热。

秋油

袁枚《随园食单》多次提到“秋油”，且多和酒一起使用。例如，治鲟鱼“切片油炮，加酒、秋油滚三十次”，烧黄鱼“下酒、秋油”，烧猪蹄“加酒、秋油煨之”，干锅蒸肉“加甜酒、秋油”，烧鹿筋“加秋油、酒，微纤收汤”……

清人王士雄在《随息居饮食谱》中这样解释“秋油”的来历：“篘（音chóu，意为滤酒的竹器或过滤）油则豆酱为宜，日晒三伏，晴则夜露，深秋第一篘者胜，名秋油，即母油。调和食物，荤素皆宜。”所以，秋油通俗来说就是头抽的酿造酱油。

传统酱油是由大豆、酵曲和盐酿制的，春天制曲，夏天晒制，秋季出油，冬季储存。酱缸的第一抽，称头抽，颜色艳，味最鲜美。秋天霜降后打开新缸，汲取头抽，故称秋油。

我特别佩服古人的造词，“秋油”二字，透着季节的沉淀，带着岁月的痕迹，字面清雅秀丽，意境隽永悠长。此外，古代酱油还有其他名称，如清酱、豆酱清、酱汁、酱料、豉油、豉汁、淋油、柚油、晒油、座油、伏油、秋油、母油、套油、双套油等。

这才是文化和讲究。

袁枚与把子肉

袁枚的《随园食单》有一味干锅蒸肉：“用小瓷钵，将肉切方块，加甜酒、秋油，装大钵内封口，放锅内，下用文火干蒸之。以两枝香为度，不用水。秋油与酒之多寡，相肉而行，以盖满肉面为度。”

此外，袁枚曾云：“求香不可用香料，一涉粉饰便伤至味。”诚如斯言，现在做肉食时动辄添加各种香料，最后只闻香料之味而无肉味，大谬。肉只要够新鲜，只加酒和酱油，才最能表现肉香。所以，这是我觉得这干锅蒸肉与把子肉最相近的做法和来源了。不过民间简化改“蒸”为“炖煮”罢了，老济南的坛子肉亦是此理。

撩拨秋的把子肉

秋猪有了，秋蒲有了，秋油有了，用秋猪五花三层带皮肉，洗净，挥利刃，切五寸长、半寸余厚片，用秋蒲捆扎起来，为了一缕清香更为了肉煮不散。装入砂锅，添豆香饱满、滋味甘醇悠长的秋油，倾黄酒，大火烧开，转微火于灶内慢炖。少顷，锅中水声汩汩，室内肉香袅袅。于是想起了一篇写炖肉的文章，“肉似神蛟沉浮于江面，忽上忽下；如灵雀出没于林间，亦行亦跃。目其色，赤若艳阳当碧空；嗅其味，浓似薰风出林皋”。

待其成，迎之以盘。虽油浓酱赤，然肥而不腻，火候足到，入口醇厚，酥烂异常，轻抿即化。肥肉如肉中玉环，瘦肉若肉中飞燕，配一碗秋晚稻新米做的颗粒饱满、软硬适中的米饭，浇肉汤于饭中，搅之，一口肉一口饭，风卷残云，酣畅淋漓！

秋景秀丽，秋风十里不如一块把子肉更撩动济南人的心弦。

一个“风搅雪”的聊城呱嗒

一个“呱”字和一个“嗒”字，本来是两个风马牛不相及也并没有什么实际意义的字，却组合成了“运河水城”山东聊城的一样传承了上百年的小吃的名字：呱嗒。

名字怪，且不可考。或曰，因呱嗒形似艺人说快板的道具“呱嗒板”而得名；人亦云，吃在嘴里会发出“呱嗒”声响而得此称；尚有人言，制作呱嗒之时，擀面杖与面团在案板上发出“呱嗒呱嗒”之音，顾名“呱嗒”；亦有人引经据典说郑板桥为官范县，经过聊城沙镇，去吃肉饼，不慎将案板上生肉饼压扁，店主根据板桥先生压肉饼的声音和形状，取名为“呱嗒”。

借名人附会美食，大江南北皆有。板桥之说我不信，传说而已。我觉得呱嗒既然起源于民间，最靠谱的说法应该是以其制作之态命名。有一年我作为美食顾问带央视十套《寻找运河味道》栏目组到聊城拍摄纪录片，果然验证了我的想法。

到了聊城，你会看到，不论是大街小巷、城镇闹市、乡间、大集，还是宾馆酒肆，都有呱嗒售卖。而众多呱嗒中，尤以沙镇呱嗒最为有名。据说沙镇呱嗒创制于清代，迄今已有200多年的历史。遥想当年，聊城据贯通南北的运河商埠码头钞关，“漕挽之咽喉，天都之肘腋”，为“江北一都会”，商贸繁荣，人民富足，美食汇集创新自有道理。

不过那次在聊城吃到的那只呱嗒，虽然香但略显油腻，且不够酥脆，并没有给我留下很深的印象。后来，我在聊城认识了一个好朋友——聊城大学的赵勇豪教授。他对聊城的风物和食物了解很是透彻，专门出了一本书叫《聊城风物记：聊城地域代表性文化符码的社会审视》。读罢，学到了很多，很是佩服。其中有一篇关于呱嗒的文章写得好：“一只好吃的呱嗒，是按照最传统的方法慢慢制作的，讲究的是肉馅调养有方，和面烫呆分别，少油温煎，文火慢烤，斜坡躺，垂站立，等呱嗒出炉，热乎乎，烫手；金灿灿，垂涎；直挺挺，沉甸甸。现在的呱嗒大多成了直接扔油锅里炸。以前的呱嗒上没有明油，现在的呱嗒出锅后则需要沥一会儿油，因为是从油锅里捞出来的，于是，呱嗒就这样成了传说。”

读了赵教授的文字，我突然对这个呱嗒就又有了兴趣。后来，再有一次带山东电视台栏目组去聊城拍美食纪录片，又跟着他去育新街吃了一个老传统的“风搅雪”呱嗒，果然好。

做这个老传统呱嗒的叫老彭，挺有意思的一个人。很多做呱嗒者都为省劲或者提高效率而去油煎或者油炸，他还依然坚持用煎烙再烘烤的老传统制作呱嗒。按赵教授的说法，这种制作手艺在聊城也不多了。于是，一边看老彭做呱嗒，一边听赵教授和老彭讲呱嗒的讲究和传统。

他们说，呱嗒要外酥里嫩，技巧重在和面，所以呱嗒的面是颇有讲究的。和面时，要烫面和死面（当地人称之为呆面），掺揉在一起的。季节不同，比例也不同：冬季烫面四、呆面六，春秋烫面三、呆面七，夏季烫面二、呆面八。和面的水温也有讲究：天冷之时，热水七、冷水三；天热时，热水三、冷水七；不冷不热的天气，就要冷热水对半和面了。

呱嗒的馅分肉馅、鸡蛋馅、肉蛋混合馅儿种。鸡蛋馅的呱嗒，金黄灿灿，白玉斐然，清新却又滑嫩；肉馅的呱嗒，粉嫩的鲜肉点缀着些许黄的姜末、绿的葱碎，香醇而浓郁。我最爱的是肉蛋混合馅儿的，其实是更爱“风搅雪”这个名字，听起来就美得心旷神怡了。

风搅雪这个名字，让我突然想起了《水浒里》“林教头风雪山神庙”的雪景。眼前仿佛看到了“彤云密布……纷纷扬扬卷下一天大雪来”“玉龙鳞甲舞，长空飘絮飞绵”。而这个肉蛋混合馅儿的呱嗒，也是如雪景般迷人，绯红的鲜肉中，环绕的是黄的、白的鸡蛋，像一阵阵旋风，盘旋搅扰起片片雪花，席卷味蕾。

面和好了，馅儿也调好了，在油亮的面案上，老彭把面揉成长条，揪成面剂子，搓成纺锤状，再用一支轻灵的擀面杖“呱嗒呱嗒”地擀成长片状，摊抹上一层葱花鲜肉馅，从一头卷起，分两侧收边合沿儿，两端捏严，再按压、轻擀、拉抻，擀压成长条饼，呱嗒的饼胚就成了。

然后炉膛起火，将铁鏊烧热，把些许猪油化开，然后将呱嗒在鏊锅上来回翻面，烙得金黄灿灿，饼肚鼓起，挥利刃，从一头划开；取一枚鸡子儿，磕入一只细瓷杯中，加椒盐，用筷子搅打均匀，灌入划开的“呱嗒”肚中，要灌满灌均匀，再煎烙片刻然后放入炉膛中烘烤。赵教授说，在老传统的呱嗒制作中，煎烙之后最好是将呱嗒放在炉子的周圈来烤，烤会将呱嗒煎烙时的明油烤去，让呱嗒更加紧实、饱满、挺括，外酥里嫩。这也是老彭所坚持做的，虽然时间长，出炉慢，产量少，但好吃啊。

呱嗒大功告成，将呱嗒盛出，置于案板，取刀斜切成两半，端至眼前，色泽金黄若向阳花，形长似“呱嗒板”，切口之处露出馅料，鸡蛋黄灿灿而肉粉嫩，扑鼻喷香，很是诱人。待一口咬下，外皮焦香酥脆而内瓤油润，肉和蛋混合的“风搅雪”馅儿鲜美嫩滑，大口咀嚼，蛋香肉香面香在口腔里混合起来，在舌尖就犹如梅花三弄，依次递进，香得口水四溢。

呱嗒单吃就够香，但赵教授说，在聊城，要是会吃呱嗒的，就会取一个刚出炉的鼓鼓的吊炉烧饼，从中间剖开，夹上一个刚出炉的呱嗒一起吃，那就更惹味了。说着，赵教授又去旁边一家赵家烧饼买了几个吊炉烧饼来。我依言而食，果然口味更佳，混合了呱嗒酥皮的脆，肉蛋馅儿的美，还有吊炉烧饼的面香，再来一碗馄饨，简直完美。

突然又觉得似乎还差点意思，我觉得最好是在一个风搅雪的冬日，约上赵教授，再来老彭这儿，吃一个“风搅雪”的聊城呱嗒，那才够应景完美！

像一个吻一样的济南油旋和像一个油旋一样的济南小妮儿

一

济南的小吃甚少，仔细想想，好像除了油旋和甜沫，竟再也想不出别的什么来了。我爱极了这油旋，一个个刚出炉的圆圆鼓鼓的油旋，闪耀着油润、金黄的光，楚楚动人，小巧玲珑，中间却一层层地凹旋下去，像个小螺号的螺旋，所以才得了油旋这个名儿。但在我看来，这却像极了一颗石子落在济南的古井泉水中，荡起的一圈圈的涟漪。

拿起一个油旋来，嗅嗅，浓郁的葱香和油香便扑向了整个脸颊等咬下去，那酥酥的外皮触到牙齿便脆断了，在唇齿间调皮地蹦跳，再咬，便是柔嫩的内瓤，软软的却如少女的肌肤般洁白滑嫩。这时候，葱的香和猪油的润便蓬勃而出了，香极了。一层一层地剥开，吃下，逗得味蕾也就一层一层地沉沦下去，这感觉，就像爱上了一个济南的姑娘，在济南叫作小妮儿的。那么这个油旋，就像是一个吻了，一个深吻。

其实静下来仔细想想，这油旋和济南的小妮儿颇有些相像呢。你看看

这油旋那一层层的螺旋，像不像是一个泉水畔的济南妮儿抿着嘴甜蜜的如花笑靥呢？那酥脆的皮儿，像济南小妮儿的性格一样真实干脆不做作。那柔嫩的瓤，就像济南小妮儿的内心一样温润，柔美。而那层层绕绕的圈，真的像济南小妮儿的心和爱，缠绵而又固守，与岁月牵手，不离不弃。

有人说每一个济南小妮儿都是一部书，等着人来一页页翻阅。但我更喜欢把一个济南小妮儿比作一个油旋，等着一个懂她的人来，一层层地打开她的心，然后“把你的心我的心串一串，串一株幸运草，串一个同心圆”，牵手到白首。

当年那个叫巩俐的明朗美丽、敢爱敢恨的济南小妮儿，在那些与青春做伴的日子里，她也是吃着油旋、喝着甜沫在这座汩汩冒着泉水的泉城小巷里长大的。现在的她，也在想念家乡想念这个油旋吧？

济水之南，一城的山色半城的湖，一座泉水城市——济南，宛如江南。水润的城市，滋养了水润的济南小妮儿，既有江南的秀气，又有江北之灵气。风含情，水含笑，这样清香四溢的油旋儿，这样像泉水般清澈透明的济南妮儿，想不爱上都难。

季羡林先生给这个城市的一家油旋店题了字，叫“软酥香，油旋张”。先不管这到底是给谁题的，光这个“软酥香”，说的不也是济南的小妮儿吗？我爱这座城市，我爱这油旋，我爱这济南的小妮儿。所以这个城市有这个好吃的油旋，有可亲可爱的小妮儿，就足够了。

二

有一个说法，说济南府的油旋儿来源于南京。

说是清朝末年，齐河县有徐氏三兄弟去南京学习南方制饼技艺，回到济南在县东巷南头开了一个饼店，根据北方人的口味把饼从南方的甜香味改为咸香口，并加入了用济南章丘大葱作的葱油等佐料，颇受济南人的喜欢，人称“徐家油旋”。

在这个传说中，没人能说出徐氏兄弟在南京学的是什么饼，是什么样子，也没有切实的文字记载。我是个不太相信民间传说的人，我相信的一定是有史载或者文字记录的东西。有一次我去南京拍摄，特意问了香格里拉江南灶的面点师傅，也没找到渊源。再后来看了侯新庆师傅的一本关于淮扬面点的书和一本关于南京美食的书，也没找到油旋的名字和相关的记载。所以，这个说法不太可信。

有人举证说，清康熙时嘉兴人顾仲写了一册《养小录》，其中记录了一种面食“千层油旋烙饼”，其文曰：“白面一斤，白糖二两(水化开)，入香油四两，和面作剂。捍开，再入油成剂，捍开，再入油成剂再捍，如此七次。火上烙之，甚美。”我是个较真的人，真去查阅过《养小录》，但其文中提到的名字叫“晋府千层油旋烙饼”。这说明它是从山西流传的一种面食。也不对。

直到看到了清雍正年间朱彝尊刻本《食宪鸿秘》载曰：“晋府千层油旋烙饼，此即虎丘蓑衣饼也。”谈及千层油旋的做法，书中记道：“白面一斤，白糖二两。水化开，入真香油四两。和面作剂，擀开，再入油成剂，再擀。如此七次。火上烙之，甚美。”如此一来，就找到渊源了。

后来，看亦师亦友的济南民俗专家张继平老师的文章，更印证了这一点。他考究得更是详细，他说，苏州虎丘面点蓑衣饼在明代就颇负盛名，清末徐珂在《清稗类钞·第四十七册·饮食》记有“蓑衣饼以脂油和面，一饼数层，惟虎丘制之”。清代袁枚的《随园食单》中，还详细记有蓑衣饼制作技法：“干面用冷水调，不可多揉，擀薄后卷拢，再擀薄了用猪油、白糖铺匀，再卷拢擀成薄饼，用猪油煎黄。如要咸的，用葱、椒盐亦可。”

而清末薛宝辰《素食说略》总结了清朝末期北方的十几种面点，其中就有“油旋”。书中介绍：“以生面或发面团作饼烙之，曰烙饼，曰烧饼，曰火饼。视锅大小为之，曰锅规。以生面擀薄涂油，摺叠环转为之，曰油旋。《随园（食单）》所谓蓑衣饼也。以酥面实馅作饼，曰馅儿火烧。以生面实馅作饼，曰馅儿饼。酥面不实馅，曰酥饼。酥面不加皮面，曰自来酥。以面糊入锅摇之便薄，曰煎饼。以小勺挹之，注入锅一勺一饼，曰淋饼。和以花片及菜，曰托面。置有馅生饼于锅，灌以水烙之，京师曰锅贴，陕西名曰水津包子。作极薄饼先烙而后蒸之，曰春饼。以发面作饼炸之，曰油饼。”

文中“摺叠环转为之”，和现在油旋的做法就完全一样了。这些记载充分说明了，油旋源自苏州的蓑衣饼。

三

我曾经给济南油旋写过一篇小赋。文曰：

油旋者，济南特产名吃也，已有百年历史矣。因其形似螺旋，表面油润金黄，故名油旋。其味香醇，名之远扬，故老虎聊以小赋，以述其详：

济南宝地，黄河两旁，物华天宝，富庶一方。
泉城美食，源远流长，风味小吃，满目琳琅。
济南油旋，香飘四方，酥脆外皮，柔嫩内瓤。
螺旋之状，油润金黄，取名油旋，清脂流芳。

华北平原，齐鲁粮仓，小麦丰登，磨粉如霜。
取趵突水，入面盆缸，借巧妇手，揉面三光。
稍饧揪剂，置于板上，擀成薄皮，清亮透光。

抹猪板油，添葱花香，且卷且抻，成螺旋状。

燃老君炉，鏊置灶上，生丹焰火，添炊烟香。
油旋按扁，烘焙鏊上，三翻六转，透鼻葱香。
油旋初成，色泽微黄，转至炉壁，烘烤如常。
皮鼓心软，外酥里瓤，油旋即成，挑旗开张。

纹如菊花，圆似朝阳，外裹金黄，内赛凝霜。
皮表薄脆，绵酥内瓤，咸鲜异常，麦味悠长。
传承百载，盛名远扬。光绪文升，凤集道光。
有聚丰德，有油旋张，弘春美斋，处处飘香。

斗转星移，岁月沧桑，百年油旋，再度重光。
口福同享，历久弥香，红唇称赞，白牙誉香。
济南大气，济人豪放，民风淳朴，油旋味长。
八方宾客，慕名品尝，寻常小吃，问鼎金榜。

香哉济南油旋，美哉泉城兴旺！”

注：“光绪文升，凤集道光。有聚丰德，有油旋张，弘春美斋，处处飘香。”清道光年间，济南城里的凤集楼就有油旋经营。光绪二十年（1894年）开业的文升园饭庄制作的油旋，葱香浓郁、层次分明、外酥内嫩，很受欢迎。1956年后，聚丰德饭店制作的油旋生产历史最长、最受泉城人喜爱，成为济南名吃。1958年，毛主席到济南就品尝过聚丰德做的油旋。济南油旋张制作的油旋也很有名，季羡林先生尝过后曾亲自题写了“软酥香，油旋张”的牌匾。现在，济南弘春美斋传承人卢利华制作的油旋也很不错。

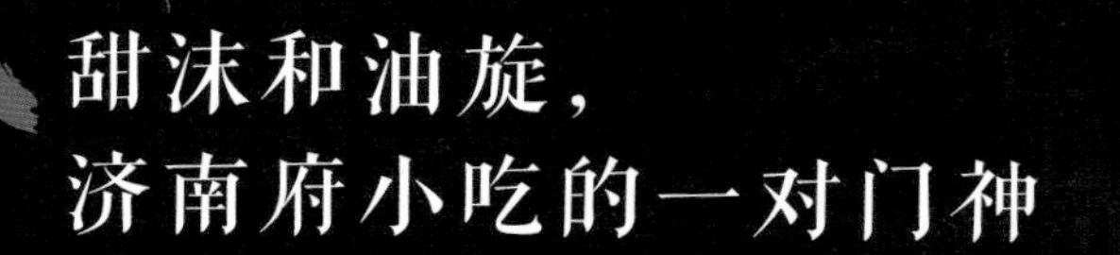

甜沫和油旋，
济南府小吃的一对门神

济南府的小吃，我最喜欢的就是油旋和甜沫。这两样小吃，搭配得很是巧妙。一个金黄灿然、外酥脆、瓤柔嫩的油旋，一定要配一碗微咸略辣、五香俱全的甜沫来吃，才是最贴切的。就像门神里的关公，是要和张飞在一起的，而尉迟敬德，一定是站在秦琼的身边的。

初闻“甜沫”这个名儿，望文生义，必由“甜”字而臆想为甜食，但怪得很的是，所谓甜沫，实为咸食，虽叫甜沫，但味道是五香咸味的。再细究下去，就是一碗小米研磨米糊熬煮后，加花生、红豆、粉条、豆腐皮、青菜、姜末等，以食盐与五香粉或胡椒粉调味的一碗菜粥。不过这碗粥，既稠，味道又香，且极为养胃。

相传，甜沫源于明末清初，近代以来，老济南人俗称之为“五香甜沫”了。明为咸食，缘何称为甜沫？坊间版本甚多，什么田姓善人舍粥，什么“添末儿”，不一而足。其中有一则最能“自圆其说”：济南话称“东西”为“么儿”，最早此粥仅为小米糊，有人无意加入粉条、蔬菜、花生、调料等烹饪剩余等物，不想滋味极好，人争相问之“添么儿了”、自此，“添么儿”名声传遍老济南府，久之，依其谐音雅化为“甜沫儿”了。

我不太相信民间传说，也曾经试图考究过甜沫的渊源。聊城也有甜沫，名称的故事也有相似之处。博山有一样酸粥叫油粉，和甜沫唯一不同的是以前用绿豆粉坊下脚料剩余的淀粉中间的糊状浆水所做，也有花生、豆类、粉条、豆腐、蔬菜等佐料掺杂其中，酸香回味。如果是用发酵米糊或面糊来做的，博山人叫酸糊涂，用不发酵的米糊或面糊来做的，博山人叫“甜油粉”。博山酥锅曾传入济南，济南人不像博山人那么爱吃酸，于是济南酥锅做得也减酸不少。油粉济南人喝不惯，那么这“甜油粉”是不是就是后来的“甜沫”，也或未可知。

再往远处说。以前中原地区的豆沫儿，用小米糊和豆糊，加青菜末、花生、黄豆等一起熬煮，从滋味到形状都与甜沫很是相似，是否同类食物异地同时出现，也或未可知。

不过，所谓生活，无非饮食男女也。牵扯历史，就是古今多少事，都付笑谈中，笑笑也罢。味道才是检验一切食物的标准。济南的甜沫流传至今，与传说有关，然味道更为关键。甜沫虽为小吃，但制作工序甚为讲究。老规矩里，要用当年丰收的金灿灿的小米粒。章丘龙山的小米颗粒饱满，油脂最足，最是好。小米用泉水浸泡一个时辰，在石磨上磨为米糊。生炉火，架大锅，入清泉水。水须一次加足，切忌水多加糊、糊稠加水，否则甜沫就澥汤，不堪食用。

先将浸泡过的粉条、花生、红小豆等放入锅中，微火慢煮，待粉条熟透、花生软糯、红小豆绽开之时，再下切成细丝的豆腐皮和青菜末之类，放盐、胡椒粉或五香面调味。待锅内水沸，咕咕嘟嘟，徐徐加入小米面糊，煮之搅之。待锅内粥沸，加姜葱末，而且要加香油或炸葱姜的热油一大勺，溢其香气，谓之“倒炝锅”。最后，搅拌均匀，混合其味道，一锅香喷喷的甜沫至此方成。

甜沫做好了，盛放亦有讲究：需选一个大肚的瓦缸来盛，天寒地冻之时，尚需在缸外套一层棉罩来保温。盛到碗中，也需用长把的木勺。喝甜沫，学问也大：用筷子、勺子是外地人、外行人所为，老济南人都是手端大碗，顺着边儿，转着圈儿，无论粥汤乃至花生、红小豆或是粉条、豆腐皮，连吸带喝，一干二净，底儿朝天，这才是喝甜沫最正宗的法儿。

济南的早上，早起，要一碗甜沫，热气腾腾，端至眼前。金黄小米糊之中，青菜嫩绿，粉条透明，豆腐皮雪白，红豆绯红，犹如青山水墨粉彩，煞是好看。闻之，香气扑鼻，甚是诱人。尝之，微咸略辣，五味俱全。佐一只刚出炉的圆圆鼓鼓的油旋，咬一口，葱的香和猪油的润便蓬勃而出。一层一层地剥开，吃下，逗得味蕾也就一层一层地沉沦下去。然后，喝一口甜沫，哧哧溜溜，喝到嘴里，热乎乎顺入腹中，浑身畅快，五体通泰，真是舒服。济南话，叫“而立”！

油旋和甜沫，就是济南小吃的一对门神儿。

那一锅肉欲喷薄的潍坊朝天锅

我是个爱吃肉的人，平常一日三餐无肉不欢，偶尔一天不吃肉，第二天虽然不像《水浒传》里鲁智深刚进五台山时，吃不惯那些素斋菜，大发牢骚，也得像梁实秋先生笔下的《男人》那样“半年没有吃鸡，看见了鸡毛就垂涎三尺”。

昔日孔老夫子说闻韶乐三月不知肉香，苏东坡先生也说过“宁可食无肉，不可居无竹。无肉令人瘦，无竹令人俗。人瘦尚可肥，士俗不可医”，我没那境界，我是个俗人，唯喜欢吃吃喝喝。我信奉的是：居可无竹，但食不可以没有肉。对了，还曾有人云“肉食者鄙”，对此我深恶之。人类进化了几百万年好不容易爬上了食物链的顶端，你让我们再学老祖宗吃果子？不可不可，道不同不相为谋也。

所以，当面对着那一锅之内，咕嘟嘟浓香四溢，猪头肉、猪肝、猪心、猪肺、猪肠、猪肚……在白卤的汤汁间翻滚着，简单粗暴地诱惑着味蕾的潍坊的朝天锅，我那是毫无抵抗之力的，垂涎三尺，口水四溢。面对这满满一锅脂糯筋弹、色香味郁的猪下水的潍坊朝天锅，就怎么能不让人抓耳挠腮、食指大动？

这是满满的一锅肉啊！沉甸甸的一个笑模样的猪头，被烧红的烙铁烫过，再用滚烫的热水浸泡刮毛劈开，猪肝、猪心、猪肺、猪肠、猪肚也都洗干净，扔到一口大锅里，加葱姜、花椒、大料、料酒、精盐，煮得滚烂，白卤透彻。就像有人说的那样，“其肉也，似神蛟沉浮于江面，忽上忽下，如灵雀出没于林间，亦行亦跃。……嗅其味，浓似薰风出林皋”。突然，人类最原始的欲望，就在这一大锅肉面前崩溃了意志，在汹涌扑面的肉香前败下阵来。

这时候就需要一张坚韧的单饼来包裹这软糯的肉了。用新磨的麦面，和面却不饧发，吃的就是死面饼的那股子韧劲和面香，擀得薄薄的，用铁鏊子烙得黄灿喷香。这张饼在同样是潍坊高密人的莫言的《红高粱》中出现过。我还记得，漫天遍野的一片红高粱地里，“汗透红罗衫的我奶奶……挑着一担拤饼……这一担沉重的拤饼，把她柔嫩的肩膀压出了一道深深紫印，这紫印伴随着她离开了人世，升到了天国，这道紫印，是我奶奶英勇抗日的光荣的标志。”

一张单饼烙得了，那满满的一锅肉，是想吃什么就卷什么。在猪头肉里，口条、拱嘴处吃的是肉嫩细腻，脸腮处吃的是皮滑肉嫩。最妙的是猪耳，切得薄薄的，带着些许的脆筋骨，咬起来在口中略有嘎吱脆头，最好吃。猪肝吃的是沙沙软软的嫩，猪心要的是细细嫩嫩的肉感，猪肚吃的是那股子脆嫩。我最喜欢的是猪肠，一定要挑肠头肥油翻赘那块，才够香，卷一个荡气回香！

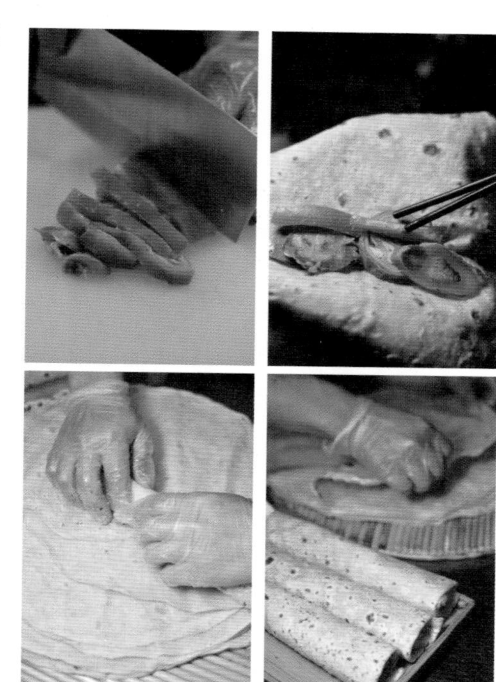

这几种肉都喜欢吃的，就卷一个大杂烩的，猪头肉、猪肝、猪心、猪肺、猪肠、猪肚……都来一些，细细地切成条，片成片。最重要的是要撒一把芝麻盐，统统卷进那一张单饼里，卷成一个火筒的样子，一手抓饼，一手拿葱，就着疙瘩咸菜条。再来一碗加了葱末、香菜末、醋、胡椒粉的鲜美的煮肉的原汤。频频举箸如暴雨骤倾，咂咂有声似春雷乍涌，狼吞虎咽，让那肉香面香葱香咸菜香在口腔内乱窜，这才能领会到“酣畅淋漓”这个词的意义。

其实朝天锅可以卷的东西很多，荤素皆可。喜欢吃素者可以卷个卤蛋，卷个哑巴辣椒。这哑巴辣椒也是当地挺有故事的一个菜，说白了就是辣椒炒萝卜丝，以后我会写一写。荤的除了猪头肉，驴肉呀，牛肉呀都行。我喜欢朝天锅，最主要的是喜欢这种粗暴的吃肉的方式，没有红烧黄焖蒸扒煎炒，就是简单直接地煮一锅下水。就像我的一个朋友说的那样：肉就要吃得粗暴，才能咂出它的滋味;吃肉若太雅，太憋屈！

顺口溜一段：

一口大锅底朝天，心肝肠肚都齐全。
一簇炉火煮滚烂，汹涌扑面全香遍，
案板叮咚声作响，品种多多切一盘。
面饼烙得喷喷香，脂糯筋弹卷成卷。
咔嚓一口咬下去，给个神仙都不干。
老板。再卷一个！

写馋了！

注：在我看来，潍县朝天锅与周村煮锅颇有异曲同工之妙，同为民间饮食传承，细究之下，必有联系。初衷同为设于集市，露天支锅，供人热汤热饭，材料同为事先煮好的卤货，现称现卖，然细分，区别亦颇大。潍县朝天锅将猪肝、猪心、猪肺、猪肠、猪肚、猪头肉等下货卤好，称好切碎，卷于面饼之中，配葱段疙瘩咸菜段，加一碗葱花香菜末肉汤而食。周村煮锅则除下货外，还有肉丸、豆腐、叶子等物，亦为称好切碎，但食法为锅内烫煮后盛入碗中，加葱花香菜末浇汤，连汤带肉配现烤的火烧一起食之。二者虽食法有不同，然皆美味也。

想念一碗烟台焖子

如果去烟台，对小吃我爱吃的有几样：福山的大面、蓬莱的小面、宁海的脑饭，还有烟台焖子。若是说偏爱的话，我是有些独爱焖子的。虽然只是一种用地瓜淀粉和水做成粉团、切块油煎的小吃，但吃起来那种一咬滑弹似乎要爆浆，内里却是软糯且香醇的，像吃肉一般有些肉头的口感，实在是让人喜爱。

关于烟台焖子的来历是有传说的，说很多年前，烟台一对做粉坊的门氏兄弟，因为阴雨天粉条无法晾晒，恐其馊坏，无奈之下将粉团切块油煎、调味，不料风味尤胜粉条，从此当地人便把这种小吃以兄弟俩的姓氏谐音冠为“焖子”。这种传说，我是不太信的，我倒是觉得这一定是民间百姓的智慧，无意中发现美食的智慧。而且“焖子”一名应该从其油煎烧焖的制作方式而来才更符合情理。

多年前，我带队去烟台拍摄美食纪录片《搜鲜记》，拍的主要是海鲜，鲜则鲜矣，味儿也美，但吃来吃去，我却对焖子这个不起眼的小吃最是钟情。

吃的是一个小摊儿，卖焖子的大嫂长得很是喜庆，胖乎乎的，脸上总是挂着欢喜的笑，嗓门儿也大，吆喝起来，好远就能听见。一口黑黝黝的平底大铁锅里，淋些许花生油，火把锅底烧得热热的，油烟也缭绕起来，大嫂把用红薯粉做成的半浊半透、切得方方正正寸许方块的粉块儿，倒入锅中，小火慢慢地煎烙着，粉块儿在油中滋滋啦啦地响着，不一会儿就煎地四面焦黄，半浊半透慢慢变得晶莹透亮起来，泛着诱人的油光，这焖子，就煎好了。

大嫂用一把木柄的铜铲子，把刚出锅还热乎着的焖子颤巍巍盛在一个大碗中，接着手持小勺，从旁边盛调料的搪瓷缸子里，舀出各种调料：一大勺澥得稀稀的芝麻酱是必不可少的，提香添味儿；一勺山东人爱吃的大蒜汁儿更不可少，蒜辣辛香；若是想吃得更地道一点儿，还有一样儿调料，就是当地海边人爱吃的虾油，鲜香淋漓。三样调味料，兜头浇在焖子上，搅拌均匀，这时候却不能用筷子来夹，滑溜溜颤巍巍的焖子是夹不住的，要用勺子，一勺舀满，要带着些许麻酱汁儿、蒜汁儿、虾油汁儿，满满一勺直接送入口中，想要大口咀嚼，但香软滑糯的焖子似乎还来不及吞咽就顺喉而下了，夹带着麻酱的、香蒜汁的、辣虾酱的鲜，由舌尖向内里口腔呼啸而过，就像烟台海边的风，猛烈得让人心旷。

在烟台海边一个渔家小馆儿，我还吃过用焖子来炒的海鲜焖子，依稀记得有虾仁，有蛤蜊肉，有扇贝丁儿，没想到这焖子和海鲜搭配起来也是妙得紧，鲜得很文雅，一丝一丝绕在舌边，恰到好处。

不过最让我怀念的还是那个小摊儿、那个胖大嫂做的那碗麻酱

蒜汁儿焖子；我还能想起她那爽朗的笑，还有那带着海鲜味儿的胶东话，就像那碗焖子，虽然简单，但是有着浓浓的家常味儿，很亲切，也很温暖。

好久没去了。最近去一趟吧。看看胖大嫂还在不在，再让她亲手做一碗来吃。

又想吃了。

后记：这篇稿子我在微博发过，有太多人转发、评论，有认识胖大嫂的烟台网友去她店里吃焖子就给她看，大嫂还专门注册了一个微博号上网留言约我再去烟台，去她家吃焖子。去年带山东电视台拍美食纪录片，又去烟台，拍摄之余去寻找胖大嫂的焖子，不料已经搬家了，辗转打听，终于在奇山市场找到了她的店儿，胖大嫂的丈夫退休了，在帮她一起做，打电话后胖大嫂赶了过来。大嫂瘦了好多，但热情依旧，焖子，美味依旧，那把用了几十年的小铜铲子，依旧在做着炒焖子，见证着胖大嫂的青春还有岁月……

博山干粉豆腐素火烧和济南长清大素包

夏天到了，热得很，胃口差，不思饮食，看着肉，只觉油腻却再也找不到平时香肥的感觉，突然想吃一个博山的干粉素火烧了。

博山的火烧是做得极好的。分荤素两种，肉的是鲜肉葱花的，肉一定要肥瘦相间，有荤油的香又有肉鲜味，还要伴着淡淡的葱香味。素馅的是极多的粉条和油煎过的豆腐碎粒混合成馅的，加上浓浓的花椒粉，被博山人习惯叫作“干粉豆腐素火烧”的。

选博山当地的酸浆卤硬豆腐，叮叮当当切剁成一案板的碎丁，用油，最好是猪油，炒得黄灿灿的，泛着油光，颗粒饱满。红薯粉条，在温水中舒展着泡开，粗粗的剁碎，用葱姜末和盐调和好味道，博山当地的花椒，不似川椒那么麻，却是香，在蒜臼里捣成粗粗的花椒面，花椒面记得一定要多撒，让花椒的香气浓浓的。粉条要够劲道，豆腐要炒得够香，花椒面要加得够多，关键是皮要烤得够酥，这才是博山干粉豆腐素火烧好吃的关键。

面饧好了，揪下一团，揉成长条，再揪成剂子，擀成皮子，包上粉条豆腐馅儿，转着圈儿，捏16个褶儿包成大包子，在炉子上方黑色的铁板上一摁，一压，一个火烧坯子，就好了。

火苗微微的，一个个火烧坯子开始在铁板上定型，滋啦滋啦响着，翻个面，等到两面都微黄了，就拿起来，再放到炉子下面的抽屉里，烘烤，不一会儿，麦面的香气就袅袅地漏出，等待的口水，也流下来了。

终于，外皮黄灿的火烧出炉了。必须吃刚出炉的。凉了就塌乎了，不好吃了。趁热，大口咬下，面烤到焦黄带来的酥香让人着迷，而咬到馅儿，豆腐的碎脆和粉条的软糯形成鲜明的对比，接着花椒粉特有的麻香顿时充满口腔，好吃至极。

吃这个素火烧，必须搭配喝油粉。油粉是博山独有的一种喝物。其做法与北京豆汁儿倒有些相同之处，以前是用绿豆粉坊下脚料剩余的淀粉中间糊状浆水来做，后来也有用磨小米玉米的磨糊水来做的，再后来还有用面粉白醋来做的，那就只能叫“酸糊涂”了。油粉虽有

北京豆汁儿的酸香，然较之豆汁儿馊涩的怪味，油粉酸咸更适度。而且油粉里还有花生、豆类、粉条、豆腐、蔬菜等佐料掺杂其中。由是，油粉其味酸香回味，且极为养胃。这个我以后会写。

一碗油粉，一个烧饼，最好再来一碟博山的腌酸咸菜就着，酸滑咸香俱备，喝咽咀嚼相得，好！

和博山干粉豆腐素火烧很是相似的，是济南的长清大素包。十几年前我来济南谋生，吃过一次就喜欢上了。

和博山干粉豆腐素火烧一样，长清大素包用了极多的粉条和豆腐来调馅儿，区别就在于博山素火烧要用花椒面来调味，而长清大素包用胡椒面来提味。红薯粉要煮得恰到好处，软糯却又要有韧性，在案板上叮叮当当剁碎了。北豆腐也剁成碎丁，用猪油烙得微黄。葱少用，而姜要多，剁成细茸。把粉条、碎豆腐丁、姜茸还可以加一些配菜掺和在一起，盐调咸淡，黑胡椒粉一定要大把地撒入，吃的就是姜茸和这黑胡椒的辣香，最后用些香油来提香，味道就更浓郁了。

和面，揪剂子，擀成中间厚周边薄的皮子，包上馅子，烧开锅，架蒸屉，蒸！等着熟了，揭开盖子那一瞬，白白胖胖的大包子热气腾腾，香气垂涎。拿一个，太热，两只手倒腾着，咬下去，皮的暄软，粉条的糯，豆腐的软，胡椒的辣香，嘿！绝了。

配一碗甜沫，我能吃三个大包子。

一个博山干粉豆腐素火烧，一个济南长清大素包，这个聒噪的夏日，吃点素，挺好的。

郭德纲的驴肉火烧和高唐「鬼子肉」

我有些驴脾气，最近碰到一件糟心事，有点烦，找来郭德纲的相声解解闷，一部《梦中婚》听下来，让心情好了很多。不过老郭左一句驴肉火烧，右一句驴火大酒店的，烦恼才下眉头，馋虫却又上心头。于是决定去街上找个驴肉火烧店吃个 “驴火”，压压自己的“驴火”喂喂“馋虫”。

说到驴，除了在张果老和阿凡提的胯下被美化为“黑毛粉唇，神俊宝驹”，剩下的不是虚张声势的“黔之驴”被老虎吃掉，就是蒙上眼睛在磨坊里日复一日圈复一圈地拉磨的形象了就连形容人的“驴脾气”“尥蹶子”，都不是什么好词。

驴，出外可以供人驱使骑行，在家可以拉磨套犁，就算是死了，皮还可以做阿胶，滋补入药。驴肉就更不用说，香嫩筋道，比牛肉纤维细，没有猪肉的肥腻，也没有羊肉的膻味，所谓“天上龙肉，地上驴肉”嘛。什么春蚕到死丝方尽，什么蜡炬成灰泪始干，都白搭，驴才是鞠躬尽瘁死而后已。

驴肉火烧最有名的在河北，一种是保定的，一种是河间的。两家的差别实在是大。首先从外形一看就能分辨出来：保定的是圆火烧，是面剂抹油后揉搓成团，用擀面杖压擀再烙而成；而河间的是长方形的火烧，是面剂抹油后抻长方片，左右向中间折两次，用面杖擀薄再烙。再说夹的驴肉，保定的用的是太行驴，河间的为渤海驴；保定的是卤的热驴肉，也不会在火烧中夹配菜，而河间的夹的是酱的凉驴肉，会在里面夹些青椒、香菜等辅料，还会夹一种用肉汤加淀粉熬制的焖子佐食，也好吃。

但不管是保定的还是河间的驴火，不管是太行驴还是渤海驴，都讲究的是要用肉质细嫩的幼驴肉驴。要是用出了大力的拉磨套犁的驴，那可就得磨得后槽牙都倒了。而且驴身上最好吃、最为细嫩的是驴脸部的肉。

肉要好，而汤要老，一锅老卤才是驴肉好吃的关键。而火烧呢，讲究的是做面剂要用驴油起酥，若用植物油或其他油，一则香味不足，二则起酥不够，火烧就不够酥香了。

有一头好驴，有一锅老卤水，酱卤出一锅好驴肉，再取一个刚出炉的酥香的火烧，挥利刃，横刀将火烧从中间剖开，到底却不破底，夹上剁好的驴肉，浇少许老汤在内，一个香喷喷的驴肉火烧便大功告成。趁热，大口咬下，火烧酥脆而驴肉鲜嫩醇香，回味无穷，这才是

一个好的驴肉火烧。

在济南，卖保定和河间驴火的各有不少，我两种都吃过，相比较而言，我还是喜欢保定的驴火多一些。我家附近，有一家山东高唐人开的驴肉店，也做驴肉火烧，和保定的驴火很相似，贪图离家近，就经常去。山东好吃的驴肉也不少，东营广饶的和聊城高唐的，最为有名。还有一件有趣的事，因驴的相貌丑陋，像传说中的牛头马面，所以高唐俗称驴为鬼，称驴肉为“鬼子肉”。不知驴们听到有此称呼，会不会大呼冤枉据理力争。

我家附近的这家高唐驴肉店，驴肉卤得很不错，买来下酒很是过瘾。要是有事忙时间紧，就在他的小店里，要个火烧夹些驴肉，我爱吃肠子，再要些驴板肠夹上，最是过瘾，再配一碗高唐老豆腐，浇上厚厚的辣椒油，吃得很是痛快来哉！

吃上这么一个驴火，胃舒服了，自己刚才的“驴火”也就消了。就像郭德纲说的那样，“惩恶扬善，藿香正气”。于是决定再打包两个，回家再听一遍郭德纲的相声，再吃两个驴火！

听说一个笑话，说有个名字叫“驰中”的驴肉馆，竟干些挂驴头卖马肉的事，有一次有人吃的味道不对，怒斥老板，老板倒也镇定，说：“对呀，我卖的就是马肉啊，招牌上不是写了，就叫“马也中”吗？”哈，要是我在场，非得再发次“驴火”了。

博君一笑。

面鱼儿和八批馃子

我喜欢这面鱼儿，名字好听，也好吃。

不知道是谁先取了“面鱼儿”这个名字，实在是妙。一个油炸的面食，因为有了一个“鱼儿”的名，突然，就灵动了起来。一个面鱼儿在一汪油里，像鱼儿一样游来游去，在清晨的餐桌上、在唇齿间也就欢快地舞蹈起来了。

几捧新麦的面粉，在盆里窝成浅浅的一围，浇一瓢清水，加一剂老面引子和成面团发酵，一团面就像春天刚刚冒头的春芽般苏醒过来。加一些碱会让面鱼儿松软一些，在油锅里也能更好地蓬发；再添一点盐，让面鱼儿有些筋骨韧性，还会添一些咸咸的底味呢。

面和得稀一点、松软一些，揪一小团，用一柄擀面滚子，轱辘轱辘转着擀过去，就擀成一张薄薄的长方形又有圆角的饼了。一把没有把子的炸油条的面刀，在薄的饼上划过，一刀，再一刀，划出两个大的口子，再一拉，一扯，就成了一条闪耀着油光、两头椭圆若鱼头鱼尾、修长如鱼般的薄薄的面鱼儿了。

一锅油就像一池碧水，烧得炙热，隐隐约约冒着细微的油泡。一条面鱼儿下锅，“滋啦”一声，就从锅底漂浮起来，在这汪油中，开始自由地游弋起来，面鱼儿周边也开始冒起了油泡，就像鱼儿吐的水泡般，汩汩的。突然想起了一句词，“大珠小珠落玉盘”。

用一双长长的竹筷子，将面鱼儿从锅的一边拨到另一边，再下另一条。不一会儿，面鱼儿就从白白嫩嫩的变成了黄灿灿的，身子也蓬发鼓胀起来。油烟腾起，这条面鱼儿就在油锅里矫若惊龙了，在油中翻个个儿。再炸，等面鱼儿两面都黄灿若金了，像一条真的鱼儿一样在油面上浮动着，这条鼓鼓的面鱼儿就好了。锅边有一根横着的细细的铁棍，将面鱼儿挂在铁棍上，控控油，看上去就像一条条挂在鲸鱼杆上的鱼儿，诱人得很。

刚炸得的面鱼儿，闻着就香喷喷，顾不上烫手了，拿一个，捏着边儿撕开，外面是酥脆的一口香，里面却是嫩软的糯，油香脂润。要是来一碗浓浓的豆浆蘸着来吃，面鱼儿带着豆浆特有的豆香，还有面的香、油的香，特别好吃。若觉得味道寡淡，就来一碗添了韭花酱、芝麻酱、辣椒油的豆腐脑，那就更惹味了。

胶东的这个面鱼儿，到了济南，却有了另外一个名字——“炸炉箅子”。虽然这个油炸的面食从中间空了两道，看起来像确实家里炉膛里面用铁条做的炉箅子，但在这个“四面荷花三面柳，一城山色半城湖”的泉水滋润的城市，叫这么一个名字，确实有些……济南人的性格真是直爽啊。

在济南，吃这个炸炉箅子最好的就是配一碗青菜嫩绿、粉条透明、豆腐皮雪白、粥色金黄、微咸略辣、五味俱全的甜沫。一个炸炉箅子伴着一碗甜沫，哧哧溜溜，喝到嘴里，热乎乎顺入腹中，浑身畅快，五体通泰。

而最讲究的要数聊城的八批馃子了。清末俚曲《逛东昌》中就有“八批馃子酥又香”的说法呢。馃子其实说的就是油条，八批馃子说白点儿就是因为炸出的面食像分为八条的馃子，两端相连，为椭圆形，所以有了八批馃子这个名儿。

宋朝时期，诗人苏轼写过一首诗，其文曰：“纤手搓来玉数寻，碧油轻蘸嫩黄深。夜来春睡浓于酒，压褊佳人缠臂金。”如果说这首诗是写的油条的话，那么圆润如盘的八批馃子就是佳人头上那满头珠翠了。

一个香酥入味的八批馃子，面要三揉三饧，抻成长条，再擀成长长薄薄的面片，刷上一层油，用刀切剁成差不多的小块。每取四块重叠一起，中间用刀切透，就成了一个馃子面坯。油锅沸热，捏住馃子面坯的两端，拉扯开来，平放到油锅之内，随即馃子冒着油泡慢慢漂浮起来。用一双长的竹筷，将面坯之间的刀口拨开，刀划出的口子让滚烫的热油一炸，里面的空气立马儿膨胀起来，就蓬发成了椭圆的一盘，翻个个儿，馃子在油里翻滚着，从白嫩的清秀一条成为金黄丰腴的一团，就做好了。

八批馃子因为炸得时间长、用油多，所以口感是一般的油条没法比的。趁热咬一口，外面是脆脆的焦酥，里面却是软软的蓬松，真的好吃。

而听一些老人讲，过去吃八批馃子有“套着”和“泡着”两种吃法。套着吃，就是买一个刚出炉的热乎乎的马蹄烧饼，从饼的一边豁开个口儿，把刚出锅的馃子夹在里面，外面烧饼是软热的，里面馃子是酥脆的，一软一硬两种口味在味蕾上交替而来，实在是爽。泡馃子则另有一番风味，酥脆的馃子泡到粥里去，馃子在粥中略略变软，内里依旧是酥脆的，更为好吃。

其实以前在济南，也有卖八批馃子的。民国初年，济南“义祥兴”“徐盛堂”都有贩卖。20世纪80年代，大明湖饭店、青山居饭店做的八批馃子也很有传统风味。不知为何，这八批馃子如今却无处寻觅了，只剩下了炸炉箅子这个“两批馃子”，真是可惜……

可我还是想吃一个八批馃子啊。

一碗令人口水汹涌的滕州大肉面，春风拂面，亦拂面

我爱吃肉，也爱吃面，所以如果一碗面中有大块的肉可以大快朵颐，又有筋道顺滑的面可以充饥饱腹，自然是再好不过了。

苏州有种面，叫焖肉面，我很是喜欢。逯耀东先生曾经在他的文章《寒客夜来》中有一段极其诱人的描述："那的确是一碗很美的面，褐色的汤中，浮着丝丝银白色的面条，面的四周漂着青白相间的蒜花，面上覆盖着一大块寸多厚的半肥瘦的焖肉。肉已冻凝，红白相间，层次分明。吃时先将肉翻到面下面，让肉在热汤里泡着。等面吃完，肥肉已经化尽溶在汤里，和汤喝下，汤腴腴的咸里带甜。然后再舔舔嘴唇，把碗交还，走到廊外，太阳已爬过古老的屋脊，照在街道上颗颗光亮的鹅卵石上。这真是一个美好又暖和的冬天早晨。"

读着读着，就口水肆虐了。后来有一次去苏州，一偿夙愿，丰腴肥美的焖肉，入口香醇软糯，确实美妙。这碗焖肉面好归好，但作为一个北方人，还是觉得有些过于精致了，圆细的面条似乎输了一份筋骨，而白卤的焖肉呢，好像缺了一份酱香，还细抿即融了，少了些粗暴的肉感。那感觉，就像吴侬软语小家碧玉的江南女子，虽然曼妙清秀，却总感觉藏着一份小心思，不似北方女子豪爽开朗。就像我一个朋友码姐说的那样："肉就要吃得粗暴，才能咂出它的滋味。吃肉若太雅，就好像一个三月不知肉味的汉子，望着红润肥腴的红烧肉，却在搜肠刮肚寻觅诗词赞誉，太憋屈！"

所以，我最爱的还是这碗滕州的大肉面。虽然卖相粗犷，颜值欠佳，却实实在在，大快朵颐，酣畅淋漓。

觅得滕州大肉面馆，进门，总能看到一锅简单直接粗暴地酱卤着的大块肉片，五花三层的下五花肉切成巴掌大的条片，在酱红色的汤汁间炖煮着，翻滚着，咕嘟嘟浓香四溢，顿时就让人垂涎三尺，口水四溢了。面对这满满的一锅肉，色香味郁，怎能不动心垂涎？怎能不爱？

而大肉面的面呢，一定要是手擀面，讲究的是面要和得筋、饧得透、揉得够，还要讲究擀得薄、切得宽。在案板上，撒一把面，把和好的面团揉搓得紧实有劲儿，用一支擀面杖一遍一遍地擀成一张薄薄的大大的圆圆的面皮儿，再一层层折叠起来，挥利刃，切成宽宽的面条，一抓一抖，就成了一把把宽长、筋道、顺滑的手擀面条了。

下到沸水锅里，面条滚三滚，清水点三点，捞在粗瓷大碗里，加臊子，浇肉汤，撒一把翠绿的葱花儿，再夹一块手掌大的大肉铺陈面上，五花三层一层不少的大肉被浓油赤酱的酱汁儿卤得通体红亮，横卧在碗中，看着就豪爽过瘾。一口咬下，先是肉皮的胶质颤巍，再是肥肉的肥腴糯香，接着就是瘦肉的细嫩鲜美，在一缕酱香的洇染下，美妙无比。吃一口肉，再吸溜一口面，筋道顺滑的手擀面麦香喷涌。再配着一口辣椒蒜，吃这滕州大肉面是少不了这一口的，要把剥好的蒜瓣，还有辣椒，添一点盐，加一点醋,用石臼头儿捣成泥,拌在面条里,这才够辣香可口啊。

吃别的讲究食不语，讲究不能有动静，而吃这滕州大肉面，不吸溜着面条，不呱唧着大肉，怎能痛快？喜欢就是喜欢，爱要大声喊出口，于是咂咂有声似春雷乍涌，狼吞虎咽，让那肉香、面香、蒜香、椒香在口腔内乱窜，这才能领悟到“大快朵颐”这个成语的真正含义。

我曾经在一个春天的清晨，在滕州，一碗肉厚肥香、手擀筋道的大肉面下肚，就饱了，满足地打个嗝，出门，春风拂面，亦拂面。就像逯耀东先生说的那样，这真是一个美好又暖和的早晨啊。

莱芜清晨的
方火烧和块豆腐

莱芜区口镇有一样吃食儿—方火烧和块豆腐，我很是喜欢。

山东是小麦的重要种植区，也因此造就了山东人对面食的天然热爱与独特情感。与其他地方爱吃面条的习惯不同，山东人还是爱吃馍馍、火烧和面饼类的多一些。我喜欢吃火烧，从一团面团到一只烧饼，就用一双手，经一炉火就脱胎换骨了。我喜欢这种魔术般的过程，看着一团面被揉捏，被碾展，被烘焙，慢慢地变得鼓胀，变得

微黄；喜欢闻着面饼被一点点烘烤的香，喜欢一口咬下那酥脆的感觉。

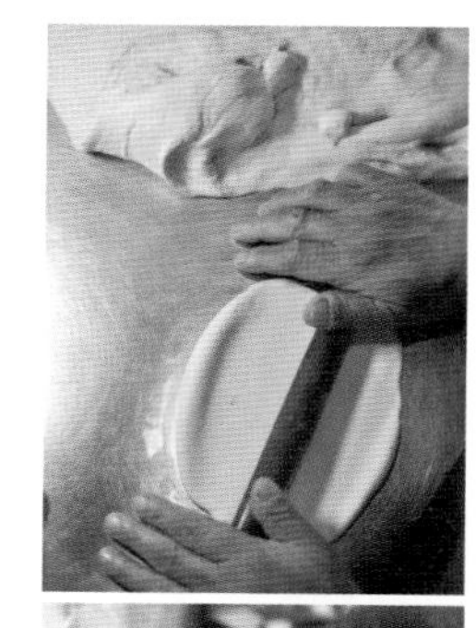
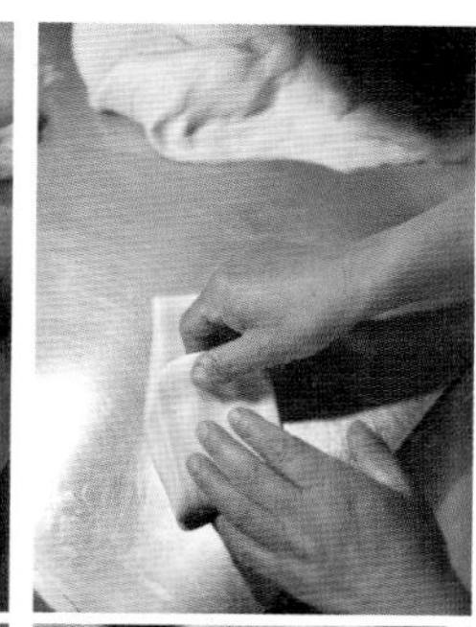

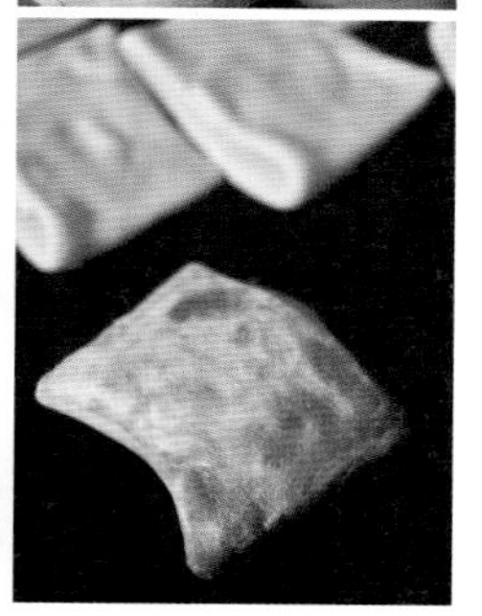

山东各地的火烧和面饼我还真吃过不少，博山肉烧饼，潍坊肉火烧，莱州杠子头，周村薄烧饼，聊城呱哒……但这莱芜的方火烧有自己的特色。

吃到这个方火烧，是因为有一年清明，回老家博山祭扫，莱芜电台的美食主持人大嘴兄听说我回来了，特意赶到博山和我在高厨的城南食府痛饮叙旧，酒后又劫持我赶到莱芜又喝了个昏天黑地。第二天一早，大嘴兄说要带我到莱芜口镇吃方火烧和块豆腐，说这是莱芜人非常喜欢和特色的吃食。于是，欣然前往。

店不甚大，红底黄字的招牌倒很醒目，一副对联写得好，上联“方圆火烧连众客，下联“热浆豆腐暖心肠”。店门口有两口大铁锅，咕嘟咕嘟地煮着切成大块的浆水豆腐，豆香在空中肆意诱惑着味蕾。

大嘴兄去卤菜间要了些卤肉和一盘黄瓜拌油条，我们每人要了几个方火烧和一块块豆腐。片刻，一筐刚出炉的口镇方火烧便端了上来。接着，一个大姐从门口的大锅里捞出几块热气腾腾的块豆腐盛在盘中端来，又给每人舀上一碗热乎乎的酸浆豆浆端了上来。

这方火烧的模样，方方正正的，很是周正，表皮烤得金黄雪白杂间，上面还烙着一个钱印模样上书“正宗”二字。火烧圆鼓鼓的，倒像弥勒的大肚儿，热乎乎地散发着诱人的麦香。这块豆腐也好。一般的豆腐都是用石膏或者盐卤来点卤凝结的，博山以及莱芜一带却用酸浆来点卤。所谓酸浆，就像做馒头剩下的“面引子”，是做豆腐剩下的浆水。浆水发酵后再作为下一次点豆腐用的“卤引子”。这酸浆

做出的豆腐紧实香韧，只有这样的豆腐，才能不管如何烹饪，不塌不散，最有豆香呢。

桌上有两桶酱，一桶碧绿清香是韭菜酱，一桶褐红色是辣椒咸酱。按个人喜好，在白豆腐上或浇韭花酱，或添辣酱。一口金黄的方火烧咬下，面香顿时在口腔弥漫，皮烤得酥脆，而瓤软香。这时，再来一口滑嫩白皙、浇了酱的热豆腐，最后喝一口酸浆豆浆，通彻！昨晚的酒意早已远去，暖胃暖心，实在好。

前几日，大嘴兄约我再去莱芜吃吃，突然，就想起这个方火烧和块豆腐，又馋了。嗯，得再去一趟了。不过，不喝酒了，可好？

味蕾的乡愁

岁月暮春初夏，西葫芦丝糊塌，夕阳西下，炊烟妈妈和家

暮春，天渐渐地温暖了起来。前几日去大明湖畔玩游一圈，花开了，柳绿了，荷叶儿也翠翠地开满了，虽然倒春寒料峭了些许日子，但初夏，慢慢地就要到了。

天暖了，连菜市里的菜蔬也多了起来。看到有西葫芦了，长圆圆的瓜条，白绿白绿的，泛着像蜡一样温暖的色泽，突然，就想起了小时候母亲做的糊塌子了，就馋了。

西葫芦，我喜欢那种长圆匀称、瓜皮浅绿的，爱其瓜肉幼嫩、清香味浓。买三个西葫芦，还有两斤鸡子儿，一小兜麦面。看到有紫皮新蒜，想起吃糊塌要配蘸汁儿，于是也买几头。回家，下厨，把西葫芦洗净，却不去皮，因瓜皮够嫩，而且留着皮有脆的口感。找出好久不用的擦子板，把西葫芦擦成细细长长的丝儿，撒一小撮盐，腌渍一下，煞一煞水，也入一些咸味儿。

磕上两枚鸡子儿，再抓一把面粉撒进碗里，和西葫芦丝儿一起拌匀了，调成不稀不稠的糊儿。最后淋一点儿香油，搅拌匀了，这样包裹着糊儿，滋味又香又能锁住水分。

起灶，坐锅，热油，舀一大勺西葫芦丝面糊儿入锅，刺啦声中，把面糊摊成一张圆圆的饼儿。饼不可太厚，厚则无味而

且容易外熟而内生，黏糊糊的,会大煞风景;也不可太薄了，太薄了则容易煎焦了，黑漆漆的,也是大煞风景。

等着一面煎得黄灿斐然了，翻个面儿，再煎，等两面都煎得金黄略带焦边儿，这个糊塌子就可以出锅了。

吃这西葫芦糊塌，要配一碗蒜汁儿。紫皮新蒜，剥了皮，在蒜臼子里，加一点盐，捣成细细黏黏的蒜泥，再滴几滴香油，加小半碗凉白开，泡一会儿。要是喜欢吃酸口儿的，就不用水来调，用一勺陈醋来调，滋味更好。反正我是喜欢醋蒜泥的。

新烙的西葫芦糊塌金黄灿然，带着焦边的糊塌子，丝丝白绿的西葫芦丝儿在煎得黄嫩的蛋糊儿里跳跃出来，远看，在锅里就像一轮清晨初升起的太阳，而在扑鼻的香中似乎又带着初夏草木的清香。吃一口，外面的蛋面糊儿焦香，里面的西葫芦丝却是软嫩的，透着西葫芦的淡淡清香味儿，蘸着蒜汁儿，再来一个暄软的大馒头，那叫一个饱呀。

小时候，母亲是爱给我们做糊塌吃的，不仅西葫芦可以做，菠菜、萝卜也能做，就连芹菜，择下来本该扔掉的芹菜叶子，做糊塌也是很好吃的。很简单，却是那么温暖。

我想起以前看过的一段文字："有一种菜，不能叫菜系，甚至上不了台面，却让每一个中国人欲罢不能；它没有固定的做法，但它的食谱每一个家庭主妇都了然于心；没有任何一所烹饪学校教授这门技艺，它靠的是灶台前一代代人的心口相传。这就是家常菜系，虽然它仅仅是妈妈做的菜，是奶奶外婆做的菜，然而它却是每个中国人在这个五味杂陈的世界里中坚守的最后一块味蕾阵地。"

说得真好。

所以，我永远也忘不了，小时候，放了学，贪玩，很晚才急匆匆往家赶，走在巷子里，远远地看到家里亮着灯，厨房里又飘来熟悉的香气，那么温暖，那么亲切，那么让人不管过了多少年都魂牵梦绕。

就像这张糊塌子，让人怀念。

后记：想起了马致远的一首《天净沙·秋思》：枯藤老树昏鸦，小桥流水人家，古道西风瘦马。夕阳西下，断肠人在天涯。突发奇想，为这西葫芦糊塌写了几句：岁月暮春初夏，西葫芦丝糊塌，夕阳西下，炊烟妈妈和家。

洇染在味蕾上的一缕五月槐花香

暮春初夏，有一天，在回家的路上，突然嗅到空气中飘来一股素雅沁人的馨香，抬头找寻，原来是路边一棵槐树的花儿，悄悄地开了，在一嘟噜、一串串、一簇簇的雪白花儿垂下，远远看去，堆絮积棉般的像白的雪一样挂满了枝杈。一阵风儿吹过，数只蜜蜂惊得飞起，瞬间又被诱惑钻进花簇中了。

端详着槐花儿，闻着这花香，突然，就想起小时候上山钩槐花的日子，突然，就想姥姥做的槐花蛋饼了，就馋了。

第二天去市场，就看到有卖槐花的了，一朵朵小巧玲珑的，嫩嫩的。嫩绿夹杂着些绯红色的花萼花蒂儿，包裹着玉白的月牙儿般柔嫩的花苞，有的半开了，花瓣儿绽开着像一只只翩翩的蝴蝶，嗅一嗅，

是那种不张扬的洇染着淡雅的清香，捻一小朵儿尝一尝，口有余香，让人心生欢喜。

买一兜，回家，一树清雅的花，在厨房，就变成了浓郁的人间烟火。

槐花儿最好吃的是半开的，就像“花看半开，酒饮微醺”一样。没开的槐花骨朵，青涩且香气未出，并不好吃，而要是等花盛开了，香气又都飘散了，也不好吃。只有半开未开、含苞欲放的，口感才刚刚好，才是真的好吃呢。

半开的槐花儿，生吃就够香甜。记得小时候，用一支长的竹竿，顶端绑一个用铁丝弯的铁钩去钩槐花，就是一边钩一边撸下槐花儿来

吃，一口下去，那微甜的清香便盈了，兜里装满了，肚子也就饱了。所以，现在我在家吃槐花儿，最简单的做法就是把花苞从花茎上捋下，花苞洁白，花萼浅绿，还未吃，看看就赏心悦目。用盐水略略泡一会儿，又干净又能去除槐花青涩的味儿，然后撒一把白砂糖，一定是要白砂糖才有最甜的颗粒口感。拌匀了来吃，槐花的香和着砂糖的甜，比那红心萝卜或者白菜心拌白糖好吃太多，赢的就是那一缕槐花的香，要是下酒的话，能下三杯。

还可以炒个槐花鸡子儿吃。两枚鸡子儿，一捧槐花儿，仅用油盐调味即可。一粒粒青翠雪白的槐花间杂在大块金黄的鸡蛋中，好似清秀可人的丫头，不施粉黛，素面朝天，在偷偷地抿着嘴儿笑。吃起来也清爽，花香在口，而陶醉在心，竟有些像在偷吻这个暮春初夏。

不炒着吃，那就做个槐花蛋饼儿。磕两枚鸡子儿，搅打得光芒四射。槐花儿洗净了，撒一撮在蛋液里，嫩白翠绿便裹满了一片灿黄。锅里舀一勺猪油，看着一块块白慢慢出现了汩汩的油泡，把槐花蛋液儿倒进去，刺啦一声，就凝结了边儿，小火慢慢地煎，要煎得嫩嫩的，黄白绿斐然悦目。吃起来，蛋香花香便盈了口。

以前姥姥经常做的是蒸槐花菜，有的地方叫蒸槐花麦饭。做法很简单：槐花儿洗净了，稍稍沥一下水分，抓一把麦面或者玉米面，薄薄地撒一层，再撒一点盐，拌一下，让每个花朵儿都粘满面粉，雪白的面粉裹着雪白的槐花，放在篦子上用大火蒸，热腾腾的蒸汽升起，槐花香也就弥漫在灶间了。这个季节正好紫皮的新蒜下来了，剥一头，找出蒜臼子，加一点盐，捣成细细的蒜泥，加盐捣蒜泥能让蒜泥入味而且浓黏不澥。蒜泥捣好了，加秋油、陈醋，淋一点麻油，和蒸槐花菜一起拌匀了吃，要是嫌麻烦，就用蒸槐花菜蘸着蒜泥吃。槐花的花香，面的麦香，新蒜的辣香，秋油的酱香，陈醋的酸香，麻油的芝味，混合在口中，那个鲜美糯香呀。

除了蒸槐花菜，姥姥还经常用槐花来做槐花咸食儿，也就是槐花糊塌子。抓一把槐花，撒进碗里，再撒一把面粉，添一勺清水，调成不稀不稠的糊儿。然后起灶，坐锅，热油，舀一勺槐花面糊儿入锅，把面糊摊平成一张圆圆的饼儿，等着一面煎得黄灿斐然了，翻个面儿，再煎，等两面都煎得金黄略带焦边儿，这个槐花糊塌子就好了。也是蘸着蒜汁儿吃，好吃得很。

我最爱的是姥姥用槐花包的大包子了，包饺子当然也好吃。肥瘦相间的猪肉，在案板上叮叮当当剁成馅儿，不过还是手切馅儿最好吃，我的老家叫“手杀馅儿”，调好味，然后撒大把的槐花进去，面要和得软硬适度，剂子擀得中间厚周边薄，盛上馅子转着圈捏着褶包好。然后坐上锅，添上水，架上篦子，盖上屉布，摆上一个个白白胖胖的包子，盖上盖，升起火。我一边咽着口水，一边在灶台边上眼巴巴地等着。包子蒸熟，锅盖揭开的那一刻是最心痒的，我迫不及待地将手伸到升腾的白色雾气中抓一个，“嘶”，真烫！烫得用两手来回倒腾着，但还是忍着烫，咬一口，肉香花香，肉的肥腴咸鲜中带着槐花的清雅，那个香呀。这个大包子，我不吃蒜，就为了那一口花香。

……

满满的都是回忆，回忆都带着槐花的香呀。

这次，我买了一兜槐花儿。回家，下厨，做了四样菜。槐花炒鸡蛋、摊槐花鸡蛋饼、蒸槐花菜配新蒜泥，还有槐花糊塌子。吃着吃着，我突然想起了姥姥，在那个初夏，在那个飘着槐花香的五月，她站在院子里那棵老槐树下，一阵风吹过，她满头的白发，和那一树的槐花一样白……

五月槐花香，五月，最思乡。

盛夏，想念一道清凉的薄荷凉糕和果子菜

今年的夏天，比往年热了许多。就算是下了几场瓢泼的雨，却更闷热难耐。突然，就想起了老家博山一道清凉的甜食小吃薄荷凉糕来。昔日曹孟德有“望梅止渴”之说，今日想起家乡的凉糕却颇有些“望糕止暑”的意味。

这凉糕的做法，说起来也并不很复杂。和江米枣糕有些相似，用的也是江米。这江米其实就是糯米，糯稻脱壳的米，在中国南方称为糯米，而在北方则多称为江米。

食料呢，要用当年丰收的新糯米七两五钱，白砂糖、红糖、冰糖各一两。初夏青香麻酥的薄荷长得正旺，摘几片娇嫩的鲜叶子，黑芝麻粒儿抓一把。青梅和玫瑰也来一些，清甜之外，为的就是趁个红绿的色儿。要是严格说起来，真正的青丝是青梅或者青杏的干丝儿，玫瑰是玫瑰花瓣加糖浸泡腌渍成花泥后做的。现在的所谓青丝玫瑰，就是青红丝儿，大多是由橘子皮切丝加颜色和糖做成的了。

江米淘洗干净，盛在碗里，添一瓢清水，浸泡半日，泡得一粒粒儿白白胖胖的。起灶坐锅，沸一锅开水，将江米下入锅中，熬煮到米粒儿翻滚，却不可全熟，七八成即可，因为之后还要蒸，全熟再蒸就过于软塌了，用手捏捏，外微糯而芯却硬时就好。用爪篱将江米捞出，略略摊凉，平铺到纱布铺垫的笼屉中，大火蒸透，取出，摊开凉透，在案板上用拳头捶之，捣之，碾之，揉成一团，再分为三份，然后摊压成三片江米饼团。

把薄荷叶儿切得碎碎的，和青梅玫瑰青红丝儿，碾得碎碎的冰糖，再加上白砂糖、红糖，拌一个馅儿，然后在案板上撒一把芝麻粒儿，铺上一片江米饼团儿，均匀地铺一层薄荷青红丝糖馅儿，再铺上一片江米饼团，再铺一层馅儿，放上最后一片江米饼团儿，取菜刀，横刀，用刀面儿将三片江米饼团摊压均匀，先改刀成五分长的长条，再切成象眼菱形块儿，将边角放于盘底，上面将菱形的凉糕片儿整齐摆入盘中，撒一把白糖，一道薄荷凉糕就好了。

一盘之中，糯白的凉糕上，星星点点的黑芝麻密布，隐约透出青梅玫瑰青红丝儿的鲜绿和绯红。薄荷的绿呢，则是新绿。黑白红绿，看着就清凉，吃起来，清新凉爽。江米糯口的米香，夹杂着芝麻香、青红丝儿的甜，最出彩的地儿在于那薄荷，清香麻酥，很是惹味。前儿天回老家，吃了一道，不过是用江米夹着豆沙馅儿做的，也很是好吃。吃着这薄荷凉糕，还想起了很多往事，像那薄荷叶儿一样，青麻的青春往事。

除了这薄荷凉糕，博山其实还有一些用江米做的甜食，江米糕和甜饭不必说了，有一样叫菓子菜的，估计有很多人都不知道了。

这个“菓”字呢，同“果”字，指的果实，以前多用于水果、红果等词儿。就像《太平御览》说的：“樱桃为树则多荫，为菓则先熟。”至于博山菜中这个菓子菜为何取这个名字，还真值得考究考究，因为这道甜食儿并无任何果儿，或许是因为做出来的样子像个“菓儿”？

做起来，和甜饭基本上有些类似。我曾经读过一本《博山饮食》，上有高延泰师傅记载的菓子菜的菜谱，抄录如下：

“【主料】生江米二两半，水发莲子三十六粒，白糖二两五钱，水生粉少许。

“【做法】将江米入清水淘净，泡片时，再入开水锅内煮之，至无硬核，以漏勺捞出，放入案子上凉透。取一碗，拿十六粒水发莲子于碗底摆成正方形，再将其余二十粒摆于四边呈线性，每行五粒。取凉透之米，加入白糖一两二钱五和凉水，拌匀，呈略稀状，将其盛入摆好的碗内。入笼蒸烂，取出。取炒勺加水，投入所余白糖，开锅后调入水生粉，略见浓状，将所蒸之米的碗反扣于大汤盘之内，取出碗，将糖卤浇于其上即成。

“【特点】此菜呈白色，与八宝饭的颜色截然有别。”

有些意思，有些意思。说实话，这个菓子菜我还真没吃过，不过看看菜谱就觉得应该不错，改天下厨试一试。

明天就做。

酱包瓜和白粥，一碟人间滋味，一碗尘世烟火

有几日，身体倦怠，不思饮食，就想一碗白粥和一碟酱包瓜了。

去厨房，抓一把白米，淘洗净，入一只粗陶的砂锅，添水，起灶。微蓝的火苗儿慢慢舔着锅底。少顷，锅中气泡儿汩汩而起，粥水声潺潺，如鸟雀啁啾出没于林间，米粥翻腾着，似大珠小珠滚落着。就这样细熬慢煮半小时，粥香就袅袅地氤氲在厨房了。掀开盖儿，是浓稠的一泓粥水。袁枚曾云："见水不见米，非粥也；见米不见水，非粥也。必使水米融洽，柔腻如一，而后谓之粥。"一碗白粥，要的就是如此境界，米水交融交合，闻之怡人，舀之浓稠。袁随园诚不我欺也。

拿一只碎蓝花的碗儿，舀一碗白粥，突然想起了在汕头吃过的一碗白糜。潮汕人管白粥叫白糜，一碗白糜，不管是清晨还是深夜，都是最抚慰肠胃的所在。我有个潮汕的妹妹，叫陈大咖，她曾经为这碗白糜写过一段文字，文曰："潮汕人的糜，不但能果腹，更像是万能的存在。生病时，一碗白糜养胃气、生津液；想家时，一碗白糜缓解乡愁、抚慰人心；宴席上再多山珍海味下肚，依然想再来一碗白糜，整个人才熨帖妥当。"她说："这碗白糜，就是一碗人间烟火。"说得真好。

在潮汕，配一碗白糜的，是一条鱼饭，或者几碟杂咸，而在我的家乡，和一碗白粥最搭的，是一碟酱菜。用酱腌浸的酱菜，总比用盐腌浸的咸菜多了一缕酱香，更多了一种滋味。酱菜里，我喜欢两种，一种是酱磨茄，一种就是酱包瓜。再比较起来，就更喜欢酱包瓜一些了。我还在读书的时候，家姐在西冶街的一家副食品商店售货，专卖油盐酱醋茶、各种咸菜酱菜。当时学校离家稍远，中午便跟着家姐在单位午餐，也是便利。我吃过很多品种的咸菜酱菜，最喜欢的就是这酱包瓜了。

一枚小巧玲珑的包瓜，被酱腌渍得黑红，看着似乎不起眼儿，但揭开盖儿，便"柳暗花明又一村"了。做的简单的是包着酱花生儿、酱咸菜丁，讲究一些的是酿包着杏仁、核桃仁、花生仁，还有什么姜葱丝、青红丝、水晶咸菜丁，有甜有咸，有脆有糯，好吃极了。一个小小的酱瓜儿，就像一个百宝盒，包着这么多种味道，当时感觉太不可思议了。

后来读金庸先生的《射雕英雄传》，黄蓉给洪七公做了一碗用羊羔坐臀、小猪耳朵、小牛腰子、獐腿肉加兔肉揉在一起的炙肉条，有二十五种不同的味道变化。“每咀嚼一下，便有一次不同滋味，或膏腴嫩滑，或甘脆爽口，诸味纷呈，变幻多端，直如武学高手招式之层出不穷，人所莫测。”名字也很是好听，叫玉笛谁家听落梅。看到这儿，不知为何，就想起了那个酱包瓜儿。

家姐病逝已经二十多年了，今天写起这个酱包瓜儿，突然有些心酸。我想她了。

扯远了，还是说这酱包瓜吧。清末民初徐珂编撰的《清稗类钞·第四十七册·饮食》，就曾经记载过这酱包瓜，文曰：“酱菜首推潼关之所制者。制时，剖瓜去瓤，实以茄菜、王瓜、壶卢之穉者，用甜酱酿之。至沈浸酿郁时，瓜亦可食，名曰包瓜酱菜。味甘鲜，惟以过咸为戒。保定制法相仿，惟不包瓜耳。”

这酱包瓜的“瓜”，是什么瓜儿？我让很多人猜过，很少有人说对。其实这瓜，就是平时吃的甜瓜，也有人说用香瓜做的，但我没吃过。做这酱包瓜的甜瓜，要选肉厚皮薄、质地细密的，不能太大，拳头大小的最好，而且是要尚未熟透的瓜儿才合适。在瓜蒂处横切一刀，瓜蒂留做盖儿，然后把瓜瓤掏出来，洗净了，晾干，用好海盐渍腌两天,让瓜皮变得软薄，腌好后，控水晾干。

然后就开始准备酿在瓜里的馅儿。馅儿各家酱园做的都不尽同。我吃过一次很讲究的酱包瓜，里面酿包了很多馅料，杂在一起也分辨不清。他们告诉我：有核桃仁、花生仁、杏仁，叫“三仁”；有青丝、红丝、姜丝，叫“三丝”；有葡萄干、橘饼干、青梅干，叫“三干”；好像还有什么芝麻、瓜子仁、藕、枸杞、黄豆、宝塔菜……记不太清了。当时的感觉就是，《红楼梦》里的茄鲞也不如这酱包瓜丰富啊，这不是个佐粥下饭的酱菜了，简直是个大菜啊。

把馅儿加工好搅匀了,就填到渍腌晾干的瓜内,把瓜蒂盖儿和瓜用棉线缝合起来,就放到盛满了甜面酱的瓮缸中。剩下的就交给时间，

交给自然吧。渐渐地，经过酶的作用，甜面酱中的糖分逐渐被瓜儿吸收，同时通过酶的催化，瓜所含的碳水化合物(酶)，包括淀粉、糖、纤维素、葡萄糖、核糖、果糖等被转化出来，酱包瓜形成了特殊的口味和质地。

腌酱好的酱包瓜出缸，包瓜是呈诱人的嫩黄中透着绯红的色儿，迎着光细看隐约半透明。瓜呢，是肉厚皮薄，里面的馅儿，有甜有咸，有脆有糯，有嫩有韧，却统一在一缕浓郁的酱香中。下一碗粥，最是好，下一壶酒呢？更好。

这个晚上，在家，用一碟酱包瓜来下一碗白粥。突然想起了苏轼的一首词《浣溪沙・细雨斜风作晓寒》：“细雨斜风作晓寒，淡烟疏柳媚晴滩。入淮清洛渐漫漫。雪沫乳花浮午盏，蓼茸蒿笋试春盘。人间有味是清欢。”

是啊，有味便是清欢，而小菜方为家常。一碟小菜甚至一碟咸菜酱菜，才是一碗白粥最甘于清贫却又最能平淡一生的爱人。阅遍人间春色，吃遍珍馐美馔，那个能陪你走完一生的是爱人，那碟最合胃下粥的，还是小菜。

酱包瓜和白粥，一碟人间滋味，一碗尘世烟火。

萝卜干咸菜，是从来没忘记过的乡愁

老人常说，春吃菠菜秋吃藕，冬吃萝卜夏吃姜。这四季呀，在老人的话语里，就化身各种食材，鲜活地入了锅热气腾腾，炊烟升起，就满是人间烟火。

秋末冬初，几阵寒风袭来，几场寒雨飘过，树叶儿落了一地，天，也就冷了起来。这个季节的萝卜最好，汁水丰盈，清脆甘甜，怎么做都好吃。

每年初冬，我总要做一些萝卜干咸菜，这个习惯，是跟母亲学的。我小时候，母亲每到初冬，总要做一些萝卜干咸菜，备着冬日来下饭下粥。这也是我认为冬日里最

朴素、最家常、最贴心暖胃的事了。

做萝卜干咸菜，要挑一个阳光正好、微风拂面的日子，日晒得透，风干得紧。只有经过连续几天阳光充沛的北风天，晒出来的萝卜才够好。

去菜市，买萝卜时，要挑那种细长长胖嘟嘟、皮滑肉肥、汁水丰盈的青萝卜。白萝卜水分太大，就算晾晒干了也不好吃，我还是更喜欢用青萝卜来做。

青萝卜洗净了，放在案板上，挥利刃，切成三寸长小拇指粗细的条儿，每一条都要有肉有皮的才好，像一个清秀女子纤细的手指。有个词叫葱指，《孔雀东南飞》里有一句“指若削葱根，口若含朱丹。纤纤作细步，精妙世无双”。这玉白，萝卜条梢头又有翠绿，倒真配得上“葱指”这个美妙的名儿。

若是嫌把萝卜切成一条条的晾晒麻烦，也可以选择连刀不切断，这样可以挂在绳子上晾晒，也很方便。有的人直接把萝卜条拿来晾晒，但母亲教给我的方法是找一个瓷盆，把切好的萝卜条放进去，铺一层萝卜条撒一层盐，腌渍半天，然后细细柔柔地把每一条都揉搓一遍，揉匀搓透，再腌渍片刻，盐分把萝卜的青臭味渍掉，只剩下清甜。

把腌渍萝卜条渗出的汁水控干，然后找出一只盖垫，把萝卜条逐条铺在上面，或者用线串成串儿，挂起来，剩下的就交给阳光，交给风，交给时间。如果日照充足的话，一般晾晒个两三天就差不多了。

晾晒，让萝卜条的水分逐渐减少，要晒得脱水但不至于干瘪才好，要微韧却还有微微的汁水感，迎过阳光看，颜色也由白嫩成了淡淡的半透明的微黄。收起来，用腌渍萝卜条渗出的汁水再把晒干的萝卜条洗一遍，洗去晾晒的风尘，不用清水洗而是用这腌萝卜条出的汁水清洗，以后存放这萝卜条才不容易变坏发黏。

洗好的萝卜干，控净水晾干，撒一点盐，滴几滴白酒，撒一把五香粉，再撒一把辣椒面，拌匀了，就好。若是不喜欢吃辣，那就做博山人爱吃的椒麻口的，用当地产的红花椒，干锅炒得酥酥的，用擀面杖碾得粗粗的，撒一把，搅拌均匀，也很是好。

这萝卜干，用于下干饭呢，会觉得味道有些单薄，用于下碗白粥则最好。盛一小碟，放在窗边的餐桌上，夹一条，萝卜皮儿暗绿，萝卜肉淡黄微白，褐黄的五香粉或花椒面，还有红艳的辣椒面点缀其间，若隐若现，再配一碗白粥，就是冬日里一幅美妙的画面。

咬一口萝卜干，皮儿韧韧的，肉呢，还有点脱水后嘎嘣的微脆，五香味的香喷喷，辣椒口的辣乎乎，花椒味的麻嗖嗖，再喝一口白粥，暖心暖胃，实在是好。

吃萝卜干咸菜，喝粥，读书，无意中发现了萝卜干的一则做法妙事。

清乾隆壬戌年间有个进士，叫李化楠，多地为官，工吟咏，喜藏书。他作了一部《醒园录》，分上下两卷，内容乃记古代饮食、烹调技术等。计有烹调三十九种，酿造二十四种，糕点小吃二十四种，食品加工二十五种，饮料四种，食品保藏五种，总凡一百二十一种，一百四十九法。其中有一则腌萝卜干法，文曰：

“去梗叶根，整个洗净，晒五六分干，收起秤重，每斤配盐一两，拌揉至水出卜软，装入坛内盖密。次早取起向日色处，半晒半风，去水气。日过卜冷，再极力揉至水出，卜软色赤，又装入坛内盖密。次早仍取出风晒去水气，收来再极力揉至潮湿软红，用小口罐分装，务令结实，用稻草打直塞口极紧，勿令透气漏风，将罐覆放阴凉地面，不可晒日。一月后，香脆可吃。先开吃一罐完，然后再开别罐，庶不致坏。若要作小叶菜碟用，先将萝卜洗净，切作小指头大条，约二分厚，一寸二三分长就好，晒至五六分干。以下作法，与整萝卜同。”

李化楠是四川人，文中说他是用红皮萝卜腌的。季节有差异，和北方的青萝卜做法也略有差异，但还是有异曲同工之妙。有意思有意思。

有人说，童年之味，会印刻在每一个人的生命里，极简，极平凡，又极美。所以这老家博山的萝卜干咸菜，是我从来没忘记过的乡愁。今年，还是老习惯，我准备做一些萝卜干咸菜，用当年母亲教我的方法。

母亲走了很多年了。我挺想她的。

蒸笼般溽热的天儿，想念一碗绿豆面旗子

节气虽然是立了秋，却还在三伏里，天愈发热起来。这几日又下过了几场雨，湿气蒸腾，更像是蒸笼般的溽热。

天热人就懒得动弹，人懒胃口就弱，胃口弱就不思饮食，平素里那些爱吃的肉食，这时看一眼都觉得腻，突然就想起小时候酷夏里经常吃的一样吃食——绿豆旗子。

小时候，家里都是自己蒸馒头，蒸大包子、花卷、懒龙、糖三角等面食。有时候母亲还会做一点面旗子：和得软硬适中的麦面，在母亲的手下，擀成一张薄如白纸的大圆片儿，拿擀面杖顺次铺折重叠几层，像切面条一样拿刀斜着切一遍，再换个角度斜切一遍，抖散开来，就成一个个小小的菱形的小面叶儿，像一面面小

小的旗子，也像一个个小小的棋子儿，所以有说是叫面旗子的，也有说叫面棋子的。我觉得，都挺形象的。面旗子可以现做现吃，也可以晒得干干的，就像干面条一样能存放住。

还有一种面棋子，是把揉好的面，揪剂子，揉搓成筷子粗细的长条儿，斜刀切成一个个或方形或菱形的小面块儿。那是真的像一个个小小的围棋子儿了。在沸水中像下面条一样煮熟了，有嚼头，很是好吃。山东有的地方，农历二月二，是有吃这种炒面棋子豆儿的习俗的。所以，从这层意义上来说，窃以为，切成或方形或菱形的小面块儿，叫“面棋子”更合适，而那种菱形轻薄的面叶儿，应该叫“面旗子”才对。

面旗子有好多种吃法，我最喜欢的是绿豆汤面旗子。夏天的时候，天热得很，母亲就会熬一锅绿豆汤来消暑，绿豆儿煮得绽开了花，汤翻滚着浓郁的红。抓一把小小的薄薄的面旗子，撒进去，翻几个滚，就熟了。舀在碗里，绿豆汤浓郁，面旗子又薄又滑，顺滑入口，能当饭又能当粥，就着一碟腌得又酸又咸的酸咸菜，好喝、消暑又饱腹。想起来就流口水。

绿豆面旗子这种吃食，以前在鲁中一带，算是夏季比较家常的食物，也是有些历史渊源的。北魏时期，益都(今属山东寿光)一个叫贾思勰的人，他曾任高阳郡(今属山东临淄)太守，也是中国古代杰出的农学家。他写过一部综合性农学著作《齐民要术》，其中在《饼法》有一段记载:“刚溲面，揉令熟，大作剂，挼饼粗细如小指大。重萦于干面中，更挼如粗箸大。截断，切作方碁。簸去勃，甑里蒸之。气馏，勃尽，下着阴地净席上，薄摊令冷，挼散，勿令相粘。袋盛，举置。须即汤煮，别作臛浇，坚而不泥。冬天一作得十日。”

还有清初淄博淄川的蒲松龄先生，他在《聊斋俚曲集•富贵神仙》第八回《闺中教子》中，写道：“娘子出的房来，听了听，天交三鼓，便回房来，炖了一壶茶，盛了一碗棋子，送来说道：‘我儿略歇歇再念。’方娘子把针线暂抛，怕娇儿肚里饥乏，一碗棋子一壶茶，亲身送到灯儿下。专功诵读，歇歇何差？早晚用心，省的娘牵挂。小

相公起来接去，吃了又念。”

贾思勰先生记录的这段和蒲松龄先生文中所写，看起来更像是“面棋子豆”的做法。在我老家山东淄博，当地吕剧团有一出吕剧叫《喝面叶》（山东淄博鲁艺吕剧团，导演赵延喜），戏里面唱的“面叶儿”，其实就是这“面旗子”。戏中唱道：“做饭真是活受罪，老婆子长病难坏了我。端过一个和面盆，顺手就往桌上搁，挖起一瓢细白面，不知少来不知多，只能多来不能少，我士铎自己还要喝呢。和和和和白面，擀擀擀一大片，切切切莲花瓣，下到锅里团团转，切上姜放上蒜，老婆子喝了好发汗，一锅面叶做好了……”

我曾经去西北，在当地也吃过叫面旗子的食物，也很是好吃，不过其做法一般更像是揪面片的做法。有一碗浆水面片，至今难忘。

有些扯远了，没事，再说回来。

我家旁边菜市有一家做鲜面条的小店儿，有卖晾干的面旗子，以前买了一兜，回家后几乎都忘了。今天早上想吃绿豆旗子了，翻出来，熬了一锅绿豆大米饭，熬得稀稀的，抓了一把面旗子撒进去，不一会儿就熟了。买了几根油条，切了一小碗雪菜咸菜，希哩呼噜下肚，舒服极了。

心突然间静了下来，想家了。

一碗博山烩菜中的人间烟火

每当饥肠辘辘的时候，我总会情不自禁地想起母亲做的一碗烩菜来。那是热气腾腾的一碗温暖，一碗人间烟火。

一

博山人都爱这碗烩菜。而这碗烩菜，是和年有关的。

以往每到春节，母亲总要提前准备些年货，蒸几笼屜馍馍，焖一锅酥锅，炒一罐伴着花生、青豆、木耳的苤蓝丝，砙一盆猪肉。最重要的是要炸一簸箩炸货，青萝卜擦成细细的丝再和上绿豆面糊炸萝卜绿豆丸子，豆腐切成片炸豆腐页子，圆滚滚的藕切夹刀片夹了肉馅炸藕合，白鳞鳞的带鱼段炸得金黄，还要炸一些松肉。这松肉博山人叫xiong肉，具体是哪个xiong字，我考究了好久也未得知，估计得从方言音韵上来考究了。不过从炸的蓬松鲜嫩的角度来说，确实应该叫作松肉。

松肉做起来倒也不难，抓一把地瓜淀粉在碗里，磕两个鸡子儿进去，调一个全蛋的粉糊，在炉子边或者暖气包上，让粉糊发发酵，这样才会蓬发，炸出来松软鲜嫩，博山人叫“糗”糊。因为xiong肉不是直接吃的，是用来做炖烩菜的，所以以前的传统要够肥才好，现在，都用肥瘦相间的五花肉来做了。把肥腴的猪肉膘切条，加点细盐腌渍入入味，放到“糗”好的蛋糊里，裹匀了糊，在温油锅中一条条地炸透。不像炸肉炸排骨那样炸两三遍，xiong肉炸一遍就好，待会儿还要下锅炖煮做烩菜呢，炸得太干就没有油润的口感了。待炸得金黄灿然、蓬蓬松松的，就好了，趁着热，咬一块，炸酥的粉糊里包裹着一汪肥膘的油，实在是香呀。

除了松肉，还可以用虾皮子（或者是极小的小鱼儿）做成松虾皮（或者松小鱼儿），做烩菜也好吃。

老家博山，以前过年的老规矩是正月里有一段时间不开灶，所以吃饭的时候或者家里来了客人，就舀一盘酥锅或者砙猪肉，来碟苤蓝丝，弄些炸藕合带鱼。热菜呢？规矩是不开灶房的火，母亲就用屋子里取暖的炉子，坐上锅，倒上水，因为有松肉的油脂，所以并不用炝锅，抓上一把松肉、松虾皮或者松小鱼儿，切点大白菜，炸豆腐页子也切几块，有肉丸子就加十余粒，没有就抓几个炸绿豆丸子。所谓烩菜，就是大杂烩，什么都能加呀。用点酱油和盐调调味，胡椒要黑胡椒，要重一些，不怕混汤，越煮越香，汤滚了白菜软塌了，点几滴香油，就好了。再馏几个提前蒸好的大馒头，一顿饭就全有了。

年夜饭，也更少不了这个烩菜呀。父亲会找出那个灰陶土的火锅来，白煮肉片儿、白菜丝儿、松肉段儿、松虾皮儿、肉丸子、豆腐页子、粉丝儿，填满了火锅，这烩菜就成了一锅什锦火锅了。木炭在火锅中间的火筒里红红火火地燃着，锅里的食物翻滚着，肉香菜香油香飘在屋里，这大杂烩的锅就成了大团圆的一锅美味，就成了一锅温暖的人间烟火。

这碗烩菜，香喷喷，热乎乎，热气腾腾的一碗温暖中，是家，是亲情。

二

要是到博山馆子里去吃这碗烩菜，那讲究可就多了。

馆子里的烩菜，就是博山“四四席”起席后，把剩下的配菜，比如汤肉丸、三鲜汤、炸肉、炒三鲜等一锅烩，演变而来的。而馆子里的烩菜也是分档次的。上等的称为“海烩菜”，配有海味，中等的称为“上烩菜”，一般的称为“行烩菜”，更大众化的还有“全汤豆腐菜”“扁粉菜”“酥肉皮渣烩菜”等，其中“行烩菜”为百姓家庭常见的：配料丰实，汤菜一体，原料荤素搭配，肥瘦兼有，粗细相合；主料有蹄筋、肚片、炸肉、五花肉、白汤丸、皮肚、腐竹、青菜、炸豆腐等，中档的加鸡块、肥肠、氽丸子、玉兰片、木耳等，高档的加海参、鱿鱼、海米等。烩菜也可用火锅上席现烩现吃。

我收藏了一本《博山饮食》，关于烩菜它是这么讲的：

“烩菜，有荤、素杂烩之分。素杂烩，是将各色新鲜蔬菜烩在一起而成。而博山的烩菜指的是荤杂烩。旧时的自制宴席标准一般是四平盘、四行件、三大件、两饭菜的海参席，条件差者以海茄代替海参。两饭菜，一般是一汤一炒，一炒多是芹菜炒肉，一汤多数情况下就是烩菜。

“主料：丸子，水发皮肚、松肉、水发笋、水木耳、白菜、虎皮肉、老蛋。

“配料：汁汤、香菜、酱油、盐、胡椒粉等各少许。

“做法：

“1. 将嫩白菜截成1.5厘米×5厘米片状，水笋、水木耳随刀截开，皮肚切成寸二长抹刀片，老蛋切片，入开水锅内焯透，再捞入清水中。

“2. 将炸好的大块松肉用刀截开放入碗中，加入开水，吐净其油脂，虎皮肉切成0.5厘米宽条状。

“3. 取一干净碗，将焯过的皮肚、水笋、水木耳、老蛋搌净水分放入碗中，加入丸子、虎皮肉，最后放入白菜，加入汁汤，食盐少许，入笼蒸透。

“4. 蒸透后，将碗取出，并将其置于垫上搌布、朝上的右手掌上，左手拿大汤盘，食指置沿上四指朝底，扣于蒸碗上，迅速翻转，使盘底朝下、碗底朝上，将其中的汤溜入净炒勺中，取出蒸碗；炒勺内加足汁汤，加酱油、盐、胡椒粉、香菜末，调适撇浮沫，浇入盘中即成。

“此菜味醇而不油腻，软滑，笋脆，口感好。

“虎皮肉的做法：将带皮五花肉，以拧干的净搌布擦去皮上的油水，在其上涂糖色或甜酱，晾干，皮朝下入油锅炸至肉皮起泡，捞出即成。

“松肉的做法：将细淀粉加入碗或小盆中，打入鸡蛋，拌匀，不可太干或太湿，将其置于温热处，使其发发酵；将肥猪肉膘切成0.5厘米见方、4厘米长的棒状，加细盐腌之；待所糗鸡蛋糊鼓起，将所腌肉膘条放入糊碗或盆中，且使其沾满糊，以竹筷将其夹入温油锅中炸透即成。可以用虾皮（或海米）代肥肉膘，做松虾皮(或松海米)代松肉。

“冬季可将做烩菜的诸料投入锅中，即为什锦火锅，或称全菜火锅，只不过装时将所烫之白菜置于下边而已。

“无虎皮肉可以白猪肉代替，丸子可用鸡肉丸代替。做此菜不用油爆锅，在家中自做自食，可将各料放入同一小盆中蒸透，就盆而食。此菜也可用蹄筋或鱼肚代替皮肚，向里加入海鲜也无不可。”

讲究吧？现在没人这么做了。

三

美食家古清生老师，与我亦师亦友,当年我们曾一起去拍过美食纪录片《搜鲜记》。他来过淄博也吃过博山烩菜，还专门写过：“博山烩菜在哲学上是存在其宽容与大度的。博山烩菜是一道汤菜，关于汤菜，它是一种集体意识的体现，举凡高贵大雅与低贱流俗烩于一锅，融合的是一个混沌意味十足的汤境，在各自包容的前提下，共同打造出一锅好汤。博山烩菜的意义，自是在审味之外，也有着一种普世真理，便是无论多么的高贵与卑微，在汤的世界里，皆有其发散个体特性的机宜。所以言汤，不必独尊燕窝鱼翅者，以博山之法以烩之，是为大同世界也。”

写得真好博山烩菜，本是当地百姓为解决人多菜少或冬季吃菜难而制作的一种“大锅菜”，几乎所有蔬菜都可入烩，这便是民间早期的大锅烩菜意趣。

小时候，过年就是一场藏在味蕾中的思念。用味道牵连着情感，一年一年，又一年。现在，经济生活倒是比以前好了，可年味儿和人情味儿越来越淡了。过年的时候，备年货做年菜的越来越少，年也越来越没有意思了，就连一碗象征着团圆的大杂烩烩菜也越来越没有了滋味。

但我永远记得，那些年的春节，家里来了好多亲戚，大家团坐在一桌，有说有笑的。炉火正旺，屋子里很温暖，桌子上摆着酥锅、春卷、藕合、苤蓝丝等一些凉菜。大人们喝着酒聊着家常，炉子上炖着一锅松肉、白菜、豆腐页子、丸子的烩菜，锅敞着盖儿，那热气腾腾和香气就氤氲在屋子里。我们这些孩子，在眼巴巴地等着那碗香喷喷的烩菜，上桌。

多么温暖啊，这一碗博山烩菜中的人间烟火。

一碗想家的博山餶餷头汤

天，又下雨了，有些料峭春寒。突然就想起以前姥姥做的一碗热腾腾香喷喷的餶餷（gu zha）头汤了。这是以前在老家寻常人家经常吃的一样吃食儿。于是，下厨，做一碗。

泡发了几朵冬菇，洗净，切成菇丝。取两枚红艳欲滴的番茄，挥利刃，在柿皮上划个十字，在沸水中

煮过，皮儿就卷曲脱落了，切成小丁。锅里浇一勺猪油，油热了，撒一把蒜末炝锅，油炸得黄焦，下冬菇丝儿煸炒，再下番茄丁儿，炒得浓稠成泥，添一碗清水，等水沸。

这时候，盛出一碗面粉，用清水调成一碗糊儿。糊儿要稀稠得当，太稀了，下到锅里就成了一锅面汤了，太稠了呢，疙瘩就容易夹生。用一双竹筷或者一把汤勺，把面糊拨拉到锅中，不一会儿，面糊儿就在汤中凝结成了一粒粒雪白的疙瘩。等汤再次烧开后，咕嘟一阵子，就磕两枚鸡子儿，在碗里打成蛋液，下到锅里，就漂了黄灿的一层蛋花儿，加点精盐胡椒调味儿。汤再烧开，淋一小勺香油，一锅餶餷头汤就好了。

一碗之中，餶餷头雪白，番茄红艳，冬菇黑黝，蛋花黄灿，煞是好看。吃一口，实在是香啊，番茄的酸香、冬菇的菌香、蛋花的蛋香、香油的芝香衬托着餶餷头柔软中又带着些微嚼劲的麦面香。再喝一口热乎乎的面汤，吃一头紫皮新蒜，就又是暖心暖胃的一顿饭。

餶餷头是我的老家博山乃至鲁中地区一带对类似疙瘩汤之类食物的叫法。而到了胶东地区还有鲁南地区的一些地方，一般是把饺子叫作“馉馇”的，取其包饺子时双手一箍一扎的形态，所以有写作“箍扎”的。胶东方言里有一句“起脚馉馇，落脚面”，其实说的就是“送客水饺，迎客面”的意思。《山东民俗》也有记载:“大鱼馉饳(饺子)。取新上岸鲜鲅鱼，片肉，剁或切为馅，少佐盐，略加韭菜、油，包为饺子，大如小儿拳，煮熟，每碗只盛两只，中等饭量者，六七只尽饱，吃来极为酣畅。”还有一些地方则把一种叫“面条菜”的菜叫作“馉餷菜”，也有些意思。

而餶餷头汤，也是颇有些渊源的。清代蒲松龄在《日用俗字》中曾经记载了不少鲁中饮食习俗，其中就说到了馉馇。这说明清代以来在鲁中博山一代就有了餶餷头汤这种食物。

如果细究起来，餶餷头汤有两种做法：和成面絮下锅，调成面糊下锅。前一种是把干面粉放面盆里，一点点地加水，用一双竹筷在盆内打旋把面拌搓成面絮状，然后下到锅里沸腾的汤水中，汤浓稠翻滚，面絮儿就成了一条条软和柔嫩的疙瘩，调个味儿，热乎乎的就是一顿好饭。

后一种是将一碗面粉加上水，调成不稠不稀的糊，炝个锅，加水，烧开了，就可以用筷子把面糊拨拉进去，面疙瘩像鱼儿般在滚锅中翻腾浮上，一会儿就好了。我瞎琢磨，因为面絮和起来还是有些不好把握，水少了干，水多了就稀瀣了，正是因为这个因素，还不如调成面糊，用筷子或勺子拨拉到锅里，更易操作也更家常了。

关于餶飿名字的由来，我也考究了一番，确实有些讲究。史料记载，“馉馇”原叫“馉饳（duo）”，读音跟“骨朵”类似，是一种圆形、有馅、用油煎或水煮的面食。做法比水饺和馄饨要复杂一些：切得四四方方的面皮，搁肉馅，对角折起，边缘捏紧，出来一个等腰直角三角形；再把三角形的两个锐角合拢到一块儿，叠压，捏紧，成品像花骨朵一样含苞待放；然后入油锅炸黄，用竹签子串起来。

宋代孟元老《东京梦华录》载有“旋切细料馉饳儿”，宋代周密《武林旧事·卷六·市食》也有“鹌鹑馉饳儿”的记载。《水浒传》里也有“馉饳”的说法：武松要为哥哥报仇，拉来街坊做证人，问王婆道:“王婆，你隔壁是谁?”王婆说:“他家是卖馉饳儿的。”

圆形、有馅、用油煎或水煮的面食，所以从“馉饳”到“餶飿”，再到饺子，这道理从这里可能就说得通了。如何解释像疙瘩汤一样的餶飿头汤，还需要再考究。窃以为还得从山西移民迁徙山东，从山西面食方面追究。

《饮馔服食笺》记载了一味山西的山药拨鱼：“白面一斤，好豆粉四两，水搅如调糊。将煮熟山药研烂，同面一并调稠。用匙逐条拨入滚汤锅内，如鱼片，候熟以肉汁食之。无汁，面内加白糖可吃。”从这种做法上来看，山药拨鱼就和餶飿头很相似了。

在《康熙字典》中“馉”的解释为“面果也”，其实就是面疙瘩。《山西方言常用词语集》第三辑“文水县方言”中里有“剔拨馉”，解释为“高粱面做的一种面食”，其实细究起来应该写作“拨馉儿”。这和《饮馔服食笺》记载的山药“拨鱼儿”是一样的，“拨馉儿和山东下馉馇叫拨拉“馉馇”也有相通之处。从《康熙字典》面果儿、面疙瘩的意思到山西拨馉儿，再到山东拨拉馉馇，似乎能找到一些联系。这可能牵扯到山西迁移山东移民和方言等因素。

说了那么多，都还是琢磨猜测罢了。这碗餶饳汤，却是面粉最简单、最直接的烹饪方式。不论包子、馒头还是面条，都要和面或饧，或擀，或揉，或包，唯有餶饳汤，一碗面、一碗水，用最家常的味道。留在我们的记忆中。

在童年的回忆中，我跟着姥姥在农村，当时家贫，只有在生病时才能吃到用白面做的餶饳汤。有时候馋了，我就装病。但姥姥并不说破，还是颠着小脚给我做。我吃饱了，姥姥就拍着蒲扇搂着我，在院子里那棵老槐树下，给我讲故事……

有一些温暖，来自家乡，来自曾经的岁月。这碗餶饳汤掺杂着童年的味道和回忆越来越近，而姥姥的影子却逐渐远去……

济南苦肠往事

济南有一样下酒的小菜，这个吃食儿别的地方很少，叫苦肠。苦肠初入口时，有些微苦，再细嚼回味，却细嫩且香，我很是喜欢。所以每每独酌，下酒小菜除了拍个黄瓜，炸个花生米，一盘苦肠也是必不可少的。

十几年前，租住在报恩寺附近，旁边有个小菜市，每每下午，便有个慈眉善目的老头儿骑了一辆单车，后座上捆一个小

桶，装了十余个扎好卤过的苦肠来卖。来买的都是熟客，所以不一会儿就卖没了。老头儿也不多做，卖完即走。有时候去晚了没买到，顾客便责怪他做得少。老头便笑说："做那么多干嘛？累。钱这玩意，生不带来死不带走，做点小买卖，够吃就行。你们喝着，我也还得回家喝一壶呢。"

这老头，有些意思。

老头的苦肠做得好，一圈圈一层层的苦肠捆扎成一个长棍状。买回家，把苦肠纵向一切为二，再横着薄薄地切成半圆的大片。章丘大葱大梧桐也斜着切大而薄的马耳片。浇一个陈醋、秋油、香油的三合油，搅拌匀了。或者干脆取蒜臼子，剥一头金乡的紫皮大蒜，捣细细的蒜泥，淋一点秋油，拿苦肠片蘸着吃，也好吃，一片就能下三杯酒。

因为喜欢这下酒的小菜，以前还真研究过一番，还专门为苦肠写过一篇文字《苦肠说》，文曰：

"苦肠者，济南小吃也。人皆知九转大肠之名，而苦肠鲜有人知，盖因菜品百味，人鲜有喜苦味者。

"苦肠由来，颇有传说。旧时，烹饪九转大肠，必取猪头肠套肠，而猪小肠至细处，或小肠最内层肉膜，或不适做肠衣之处，俗称‘旁丝’，则弃之。有草根家贫者，捡拾回家，盐、醋、白矾搓洗，复氽烫至净，缠绕捆绑成圆柱形，加蒜葱姜，添香料，旺火煮开，小火微炖卤至熟透，捞出，轻置于案，晾凉。因用料不同，其色灰白或淡红，而味浓郁。因其用旁丝缠把，亦称‘捆苦肠’。

“苦肠食时，挥利刃，切薄片，伴葱丝，加酱醋，调香油，或蘸蒜泥，口感紧实筋道，初味略苦，其苦盖因小肠壁上及消化液中胰胆汁之由。然回味则颇有甘香之意。

“济南人，喜食苦肠，寻常市集，多有售卖。盛夏之际，切一盘苦肠，盛一盘花生、毛豆，拍些黄瓜，撸些羊肉串，接一杯扎啤。此为盛夏济南最标准之地域美食也。

“济南苦肠，颇似四川之夫妻肺片，皆为下脚之料，变废物为美味也。虽为俗物，登得雅堂，先苦后甜，平民意味，更彰显济南人生活之本色也。

“吾曰：以肠入馔，多矣，以苦命名，唯苦肠也。放眼全国，鲜见此物。熟食之中，亦唯有苦肠，方能品尝苦之美味。品苦肠，入口其味苦，入腹为美味。观世间亦如此物，先苦后甘方为人间道。故，人生苦短，人生百味，尝尽天下酸甜苦辣咸，方为生活也。所谓‘苦’者，良药苦口，苦口婆心，不吃苦中苦，难得甜上甜。皆为此理也。由苦肠谈至人生，题外之话，贻笑大方，是以记也。”

是吧，苦肠中还有一些人生道理在啊。

后来搬家了，离得远了，就很少再去小菜市去买老头儿的苦肠了。过了好多年，有一次路过，想买，却再也没看到那个卖苦肠的老头，问旁边的商贩，说是很久没见他来了。突然心里就有些怅然。

老爷子，你还好吗？如果有机会，请你喝一杯吧。不过，下酒的苦肠，得你出。想吃你做的苦肠了。

苤蓝丝儿

几日前，去菜市闲逛，看到有人在卖苤蓝，带着泥土的芬芳，青翠得让人心喜，突然就想起了家乡的一道小菜炒苤蓝丝来。这是一道很家常的菜。博山家家户户过年的时候几乎都会做一盆，有客人来了，随手舀上一盘，就是一道下酒待客的酒肴。

这道菜，母亲做得味道极好，而父亲呢，是个知识分子，平时是远庖厨的，但父亲心细，苤蓝切丝儿的活儿却是他的。母亲从集市上买来苤蓝，父亲就接过菜篮子，去厨房，仔细地洗去苤蓝外边的一层

泥土，用刀转着圈地削去皮，就在菜板上有板有眼地开始切。先切成薄薄的片，再斜堆起来，切丝。不一会儿，细细的苤蓝丝便从搞化学研究的父亲的手下，堆满了案板。

然后父亲把木耳用温水泡开，一朵朵胖胖、厚厚的，淘洗干净了，也切成和苤蓝丝一样细的丝。再拿出一把金钩般的海米，泡得软软的，温润得像在水中活过来一样。大青豆和花生米泡过后，分别下锅，添一勺清水，加几瓣八角、几粒花椒、一撮精盐煮熟了，就准备好了。要是能再有一块鸡胸脯肉，也切成细细的丝，就更好了。

做，却是母亲来做。起锅，下素油。因为这是冬日春节时做的，

而且是个凉菜，要是用猪油来炒，凉了就白汪汪地糊在苤蓝丝上，不好看也不好吃了。油微微热，母亲就下几粒红袍的花椒炸出麻香，把花椒捞出来，把鸡胸脯丝先煸熟，再下些许姜丝，还有泡好的海米，炸海米的鲜香在厨房里飘荡。然后下苤蓝丝，翻炒，趁着嫩脆，撒一撮盐，下木耳丝，再下煮好的青豆、花生米。出锅前最好再添一勺香油，兜匀，让香油的香再惹惹味，才最是香。

苤蓝丝要凉下来才好吃呢，青的豆，红的花生，白的苤蓝丝，黑的木耳丝，黄的海米，淡白的鸡丝，清清爽爽的，看着就爱。等尝一口，花椒的麻香，海米的鲜香，青豆的嫩脆，花生的甜香，最好吃的还是苤蓝丝，染了所有佐料调料的味，清香爽口，自然是好吃。

以前家里来的客人，都说母亲这道菜做得好，一道菜就能下一壶酒呢。

母亲走了好多年了，我离开家乡，也是好多年没吃过这道菜了。这次在菜市看到有卖苤蓝的，不禁心里一动。旁边摊位上正好有人在卖手剥的青毛豆，嫩嫩的。买一个苤蓝、一把青豆，再顺手买了花生米和黑木耳，回家按照母亲当年的做法，做了个炒苤蓝丝。依稀还是当年的味道，但那两个做这道菜的人，我的父母，却已经永远不在了。

我还想着那年，在鲁中的一个小城，一个普通人家的厨房里，一个男人在仔细地切着一案的苤蓝丝，一个女人看着他脸上洋溢着幸福的微笑，而旁边，有一个孩子咽着口水，在等待母亲，炒熟这盘苤蓝丝儿……

再美的女人也比不上那个给你做韭菜盒子的她

我爱吃饺子，尤其爱吃韭菜馅儿的，虽然吃后口会有浊气，恶之者谓之臭，但喜之者也谓之香呀，比如我。

吃起来比饺子更过瘾的，是韭菜盒子。梁实秋先生爱吃这一口，“街头巷尾也常有人制卖韭菜盒子，大概都是山东老乡。所谓韭菜盒子是油煎的，其实标准的韭菜盒子是干烙的，不是油煎的。不过油煎得黄澄澄的也很好……”唐鲁孙先生也爱这一口，“前些时候逯耀东先生在报上谈过台北的天兴居会做烙合子，于是把我这个馋人的馋虫勾了上来。”

韭菜盒子要好吃，首先馅儿要好。

韭菜虽然寻常，但袁枚的《随园食单》说过："韭，荤物也。专取韭白，加虾米炒之便佳。或用鲜虾亦可，蚬亦可，肉亦可。"杜甫也曾"夜雨剪春韭"，然后"新炊间黄粱"啊。而且只有春韭才够鲜嫩清美。《山家清供》曾记载，六朝的周颙，清贫寡欲，终年以蔬食。文惠太子问他蔬食何味最胜，他答曰："春初早韭，秋末晚菘。"这可说是对于韭菜最有理解也最有风趣的评价。再讲究一点，初春清明前后的春韭更好，最嫩的头刀韭菜根儿是紫红色的，像野鸡脖子。

"几夜故人来，寻畦剪春雨"，春韭剪了来，嫩得似乎一掐汁水便溢出来，择好洗净了，就切成细细碎碎的末。取两枚鸡蛋，磕到碗里，搅打匀了，锅里下一点油，把蛋炒得黄灿灿、白嫩嫩的，星星点点的碎。

再泡几朵山野的黑木耳，在椴木旁生的木耳最好，很小，泡发开来，却有人的耳朵那么大。木耳洗净了，也切成碎碎的末。再去抓一把小海米，弯弯的红红的，通体莹赤，像一个个小金钩一般。用温水泡过，虾肉回了软，拌到馅子里，那味儿，鲜透了。

鸡蛋碎、木耳碎、小金钩，混在一起，用一点盐来调调味道。用一点油炸香几粒红袍的花椒，捞出花椒，把花椒油浇在馅子里，就更惹味了。没有花椒油？那就拌些芝麻香油，但我觉得独独缺了花椒油的那一缕麻香。至于韭菜，有了盐渍容易出汁水，所以要最后包合子的时候再加才够鲜嫩。

唐鲁孙先生说过，"合子馅应当以菠菜、小白菜各半为主，爱吃韭菜可以加一点韭青。鸡蛋炒好切碎（不要摊成鸡蛋皮），上好的虾剁碎（忌用虾皮），黄花、木耳、豆腐、粉丝，饭馆是用来填充数量的，非常夺味，最好不用，要用也只能少用一点来配色。备用合子皮一定要自己擀，烙出来合子吃到嘴里，才肉肉头头没有硬的感觉。"

唐先生一再强调馅里加虾皮、粉条是很不考究的，但我喜欢这样家常的馅儿。食无定式，适口者珍嘛。

而和面也有讲究，有的爱用发面面皮，有的却喜欢烫面面皮，发面的松软，烫面的韧紧，我喜欢吃发面的。面和好了，盖上一层湿润的纱布饧发一会儿，再掺些面醭子，揉得光滑，揪面剂，擀薄薄的面皮，满满地搁上馅儿，对折一下，将盒子包成鼓鼓的新月的形儿。要是想要圆月的样儿呢，就搁上馅儿把两张面皮叠在一起，想好看一些呢，就捏一些花边，又好吃又好看。

在炉火上烧热铁鏊子，抹一点油，不是为了油煎，而是怕粘连。放上韭菜盒子，烙一会儿，翻个面，等两面都金黄灿然，盒子鼓鼓地涨起，香气扑鼻之时，一个韭菜盒子就好了。

有人喜欢把烙好的盒子在盆里盖上盖焖一下，回回软再吃。我喜欢刚烙得了的，吃热乎乎的，面皮烙得大片的白润中带着微微的黄，隔着薄薄的面皮似乎看得到翠绿色的韭菜馅破皮而出。掰开一个，黄的鸡蛋碎，黑的木耳碎，红的海米，绿的韭菜，就像春色般怡人。咬一口，鲜气袭人，春韭鲜嫩清美，海米浓烈鲜美，鸡蛋滑嫩鲜香，让人心生欢喜，味蕾一下子就和这个春天一起，春意盎然，春光乍泄了……

其实之所以喜欢吃韭菜盒子，是因为家常二字。家常，家常，才最温暖、最温馨，才最贴胃贴心，老百姓过的就是日子，就是家常。

再好的香水也干不过一个好吃的韭菜盒子，再美的女人也比不上那个给你做韭菜盒子的她呀。

突然，想起了那个以前给我做韭菜盒子吃的女朋友。就像周星驰电影《大话西游》里说的那样，我想说："曾经有一份真挚的爱情摆在我面前，我没有珍惜，等到了失去的时候才后悔莫及，尘世间最痛苦的事莫过于此。如果老天可以再给我一个再来一次的机会的话，我会对那个女孩说，我爱你。如果要在这三个字上加一个期限的话，我希望是一万年！"

一锅博山酥锅的味蕾乡愁，炉火慈祥，舌尖温暖

我怀念家乡博山的一锅温暖的酥鱼锅。

我还记得，三十多年前一个岁末的冬夜，寒风阵阵，雪花飞舞。在博山西冶街一个破旧的院子，我曾经居住过的家中，灯光昏黄，炉火正旺，温暖得像熙春。

那个晚上，母亲用一口粗糙的陶土砂锅，用一夜的时间，做了一锅温暖的酥鱼锅。

白天的时候，母亲带着我去菜市场，买来一个咧着嘴笑模样的猪头，一条肥肥的带皮后臀刀口肉，一兜带着冰碴的冻鲅鱼，几支白花花的莲藕，泛着白盐粒儿的干海带，一大块冒着热气的豆腐，对了，还有四个大猪蹄儿，两棵翠绿的大白菜，一捆大葱，一堆老姜。东西挂满了自行车把，堆满了车后座，也满载着我的食欲。

回到家，父亲把火筷子（我们博山叫火柱）插在炉子里，不一会钟鼎布衣认一味，爆竹声中待客来。

（这是我无意中看到一个叫@老唐loton 的人写的关于博山酥鱼锅的一首诗，很是妙。）

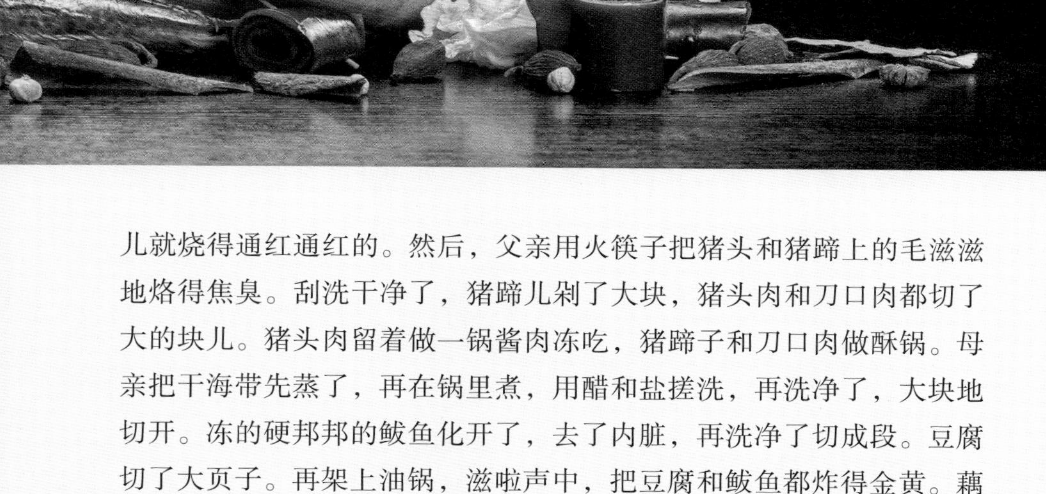

儿就烧得通红通红的。然后，父亲用火筷子把猪头和猪蹄上的毛滋滋地烙得焦臭。刮洗干净了，猪蹄儿剁了大块，猪头肉和刀口肉都切了大的块儿。猪头肉留着做一锅酱肉冻吃，猪蹄子和刀口肉做酥锅。母亲把干海带先蒸了，再在锅里煮，用醋和盐搓洗，再洗净了，大块地切开。冻的硬邦邦的鲅鱼化开了，去了内脏，再洗净了切成段。豆腐切了大页子。再架上油锅，滋啦声中，把豆腐和鲅鱼都炸得金黄。藕呢，要用筷子一个眼一个眼洗干净，切成大的厚的片。大白菜，要去掉老菜帮子，一叶一叶掰开。洗藕掰菜叶这些小活儿，都是哥哥和姐姐做。我呢，最小，母亲疼我，不让我干，就等着吃。

母亲找出家里那个粗糙的陶土大砂锅，在锅底横七竖八地放几根筷子，怕煳了锅底儿，沿着锅沿儿先插一圈整瓣的白菜叶儿，剁好的猪蹄儿先铺上一层，再放一层海带、一层藕、一层炸豆腐，撒一把切好的葱姜片，再放上切成块儿的刀口肉，再放一层鲅鱼。父亲用醋、酱油、白酒、冰糖调好了一碗料汁，料汁比例很关键，酸、甜、咸要适度，他说这是他的秘密，连母亲都不告诉。兜头浇上汤汁，把白菜叶儿合拢起来，用绳子扎一圈，就坐到了家里取暖的炉子上。

大砂锅坐在炉上，火苗舔着锅底，过了很长时间，开锅了，咕噜咕噜地响，那香气，我至今难忘。这时候，就放几块用泥和煤粉打好的"打火块儿"，改了小火，咕嘟咕嘟，汤汁溢出来，母亲就舀出来，等汤焙少了，再慢慢加进去。我总是等在旁边，偷着喝上一口，酸酸咸咸甜甜香香，可好喝了。

一锅酥锅，要小火煨炖上一晚才能做好，也离不开人看着。我熬不住就睡了，可早上起来，看到母亲眼红红的，那肯定是熬夜熬的。我缠着母亲要吃，母亲却说要等到冷透了才好吃，最后还是拗不住我的央求，瞒着哥哥姐姐单独给我舀一碗，还偏心给我多舀一块肉。那时候，家境贫寒，贫瘠的胃对于肉的渴望无与伦比。一碗酥锅，鱼酥肉烂，藕糯菜软海带鲜，用一个馏热的煎饼卷了吃，那滋味，此生难忘。

后来的后来，母亲走了，后来的后来，我也离开了家乡，只是那锅酥锅，还有对母亲的思念，永远在我心里。正是：

猪肉温柔。鲅鱼凶猛。
豆腐懦弱。莲藕聪颖。
猪手憨厚。海带坚强。
白菜幼稚。炉火慈祥。
一锅酥锅。舌尖乡愁。

这么多年过去了，我还记得那一晚，母亲的脸庞，在炉火的映照下，笑得那么慈祥、灿烂。

西瓜酱和炸西瓜

这个夏天有点热，一拨儿接一拨儿的热浪滚滚而来，仿佛整个城市都笼罩在躁动的情绪之中。溽热难耐，就茶饭不思，好在冰箱还冰镇着半个翠皮西瓜，拿出来，却不切片，用勺子舀着大口吃下。西瓜红瓤沙脆，甘甜多汁，又镇得冰凉，几口下去就凉爽通透，沁人心扉。暑消身凉则心静，连窗外聒噪的蝉鸣都顺耳了很多。

小时候，我随外公外婆住在乡下。每每春夏他们总是要种几亩西瓜甜瓜的。为了防偷，外公就在瓜地里搭一个窝棚看瓜。那时最高兴的事儿是陪着他去看瓜了，渴了饿了，外公就去瓜地里，咚咚砰砰地敲敲西瓜，不一会儿就选了一个浑圆的大西瓜来，却不急着吃，找一个桶，把西瓜放在桶里，下到地头边的井里，在冰凉的井水里“拔”上一个时辰，再捞上来，切大块，大快朵颐。真甜呀，真凉呀！那种井水“拔”出来的凉，是现在冰箱冰镇不出来的味儿。那时候我一般都是一边吃着西瓜，一边听外公讲各种演义故事，仍历历在目。

西瓜除了当水果吃，还可以入馔。吃完瓜瓤的瓜皮，弃之可惜，除去外边一层硬的翠皮，切粗丝，用盐略略腌渍攥水，淋些陈醋、酱油、麻油，撒一把蒜末，凉拌来吃就清爽得很，若是炒肉或者鸡蛋，也是不输莴笋和黄瓜几分的。

要说起西瓜做的菜或佐餐小食，在山东，我最喜欢的有两样：菏泽的西瓜酱和济南的油炸西瓜。

菏泽的西瓜酱是上过《舌尖上的中国》的。有一年我去菏泽拍《天南地北山东菜》，也拍过这道西瓜酱。这西瓜酱，说起来简单却也有很多讲究。颗粒饱满的黄豆，清水泡胀，大锅煮到八分熟，沥去水分后，撒一把新麦白面，揉搓均匀，让每一粒黄豆儿都裹一层白白的面粉。然后在一条长长的案板上，铺一层稻草，在上面把黄豆均匀摊开，再盖一层纱布，交给时间在屋里，静置发酵。

一周后，黄豆表面就长满白绒绒的菌毛，再过几日，就变成了一层土黄色的醭，移到夏日的阳光下暴晒至干，然后用手搓掉外面的醭。找一个陶罐，将黄豆和盐按5:2的比例倒入罐中。挑几个翠皮红瓤的西瓜，削去瓜皮，在案板上胡乱切做大块，再切些生姜、辣椒，添几枚八角、一把花椒，一起放入陶罐里，搅拌均匀，把罐子封严，放在阳光下曝晒，每天打开搅拌再封口，一个月后，这西瓜酱就大功告成了。

我在菏泽吃的西瓜酱是炒过的。起灶坐锅，油热，将葱姜辣椒爆香，下腌渍好的西瓜酱，翻炒兜匀炒熟。其色泽红润，酱香浓郁，香辣中又带着西瓜隐约的微微的瓜的甜。就这么简简单单，这就是一道下饭的小菜。一口西瓜酱，配一筐杂面窝头，一口窝头，让我尝到了家的味道，想起了小时候在农村跟着外公外婆生活的日子。

菏泽是将西瓜做成西瓜酱，济南呢，则有一道夏季时令的老菜，叫炸西瓜。取一只圆滚的、有好看的花纹的翠皮西瓜，挥利刃，将西瓜破开，削去皮，取沙沙甜甜的瓜瓤，讲究的只要瓜心那一块，去掉瓜籽儿，切成长方块儿。面粉过筛，在瓜瓤上薄薄地拍上一层。磕三枚鸡子，只取蛋清，和水淀粉和匀，将拍好面粉的瓜瓤放入拌匀。起红锅，烧素油，油温高则色黑，油温低则渗油，五成热即可，逐一下入，温油炸之，炸至表皮黄灿，捞出沥油，装盘撒白糖即成。

炸好的西瓜块儿，黄的粉糊裹着红的瓜瓤，很是好看，也很是甜。不过，现在很少有人做了，我也好久没吃到了。

我有个朋友是菏泽人，前几天，托人给我送了一罐西瓜酱来，说是他母亲在家做的，拿来给我尝尝。我回家吃了几顿，很是好吃。最近他来济南我想，我带就他去吃炸西瓜去吧，让他也尝尝济南西瓜的妙。

下酒最是风干肉

暮春，天多变。才熙暖了几日，倒春的料峭春寒又来了，刮了一日的风，就又淅淅沥沥下起雨来。这春雨夜，清冷潮湿的夜，最适合的就是独酌一杯了。

宋代文人蒋捷写过一首词《一剪梅·舟过吴江》，最是贴切这春雨夜独饮的心境了，“一片春愁待酒浇，江上舟摇，楼上帘招。秋娘渡与泰娘桥，风又飘飘，雨又萧萧。何日归家洗客袍？银字笙调，心字香烧。流光容易把人抛，红了樱桃，绿了芭蕉。”

独酌，不是团聚，不是豪饮，所以下酒的，小菜足矣。花生蚕豆，香肠肉干，简单就好。下酒，我还是最喜欢家乡博山的风干肉。拈一片，鲜亮棕红的肉片，轻薄如纸而隐约透亮，逆着光，似乎可以看到肉的脉络，这一点倒和四川的灯影牛肉有些相像了。

而吃起来，口感却是花开两朵各表一枝的。边缘是有些酥脆的，一口咬下，酥得像要在嘴里跳跃，而再咀嚼，肉片内层却变成了韧韧的纤维的美妙，越嚼越有韧劲儿，所以就越嚼越有肉香了。味道呢，除了咸鲜香美之外，是花椒那种独特的椒麻香味儿，在口腔味蕾上麻酥酥的感觉，才是一片好的博山风干肉最迷人的地方。

所以这风干肉最适合独酌下酒了，慢慢地品，细细地嚼，越慢越嚼越回味越有味道。很多年前，我还很小时，邻居有个老爷子，经常在他院子的葡萄架下，支一个小桌，坐在一张躺椅上，一个人独酌。他拿一片风干肉，慢慢地掰着，撕着，嚼着，把用锡壶烫得温温的酒倒进一个三钱小酒盅，滋溜一声抿一口，咂巴咂巴嘴，发出一声满足的声响。旁边一个小板凳上摆着一个收音机，里面咿咿呀呀地播着京剧。听到兴起处，老爷子也摇头晃脑地跟着哼几句。一顿酒，老爷子能喝几个小时，喝完了，就在躺椅上小寐一会儿，那个美啊！有时见了我，他就喊我过去，笑眯眯地给我一片风干肉，笑眯眯地看着我越嚼越香。那滋味，那个老爷子，我至今难忘。

所以长大后，我也学会了喝酒，下酒呢，最喜欢的还是博山的风干肉。风干肉其实和肉干的做法很相似，不过是薄了很多，吃起来更酥香干脆一些而已。这也是博山人吃喝的讲究之处。

做风干肉讲究很多。三斤生肉才能做出一斤的风干肉，要用最瘦嫩的红润鲜亮、致密弹紧的里脊肉。挥利刃，剔除筋膜，把边缘修平，顺着肉的纹理，片成一毫米厚、四寸长、二寸半宽的大薄肉片。取花椒、精盐、白糖、料酒，融入清水调汁儿，把肉片放入腌渍，腌半个时辰，肉片入味。然后用上下透气的竹帘子（或者家里包饺子用

的盖垫），刷一层清油，把肉片逐片平放在竹帘上，整齐均匀，不要重叠。风干而且要勤翻动一番，以免粘连。

等到风片风干到挺拔而富有韧性时，起灶，坐锅，热油（最好的是用花生油），将晾制好的风干肉逐片放入油锅。讲究的是要低油温炸，油温过高肉易炸煳，油温过低肉片又不易成形。肉片炸酥后，上浮漂在油上，如片片蝴蝶游弋，待肉片红润油亮，捞出，控油，放凉，撒五香粉末，就可以大快朵颐了。

够讲究，也实在够香。

有一次，也是在家独酌，一边嚼着风干肉，一边饮酒，一边看一本小说《大染坊》。陈六子小时候，他还是一个小叫花子。“小叫花子来到一个饭店门前。这饭店的匾额黑底黄字，上写‘刘家饭铺’。两边的对子也是木质的，黑底绿字，上首‘博山风干肉’，下为‘八陡豆腐箱’。他刚想去掀饭店的门帘，一个穷愁的老者已经把帘子挑起。小叫花子一猫腰钻了进去，帘子落下。”

突然，就想起了小时候邻居家的那个老爷子。回忆，像潮水般涌来，就像一条风干肉，轻薄透亮，久而弥香……正是：

风干肉，迎风响，
薄如纸，透光亮，
嘎嘣脆，扑鼻香。
温壶酒，喝三两。

知了猴在舌尖声声地叫着童年

夏到了。树荫里知了在声声叫着夏天。我抬起头找寻，刺眼的阳光让我睁不开眼，有些头晕。这时，耳边似乎响起了一首罗大佑的《童年》：

“池塘边的榕树上，知了在声声叫着夏天。
操场边的秋千上，只有蝴蝶停在上面。
黑板上老师的粉笔，还在拼命叽叽喳喳写个不停
……

盼望着假期，盼望着明天，盼望长大的童年。

一天又一天，一年又一年，盼望长大的童年。”

这蝉声一下子让时光回到了三十多年前。那时，我五岁。

这歌声一下子让时光回到了一个小山村，村口有一棵老槐树，也有蝉在鸣叫。

树下，那个五岁的孩子和几个小伙伴拿一根竹竿，竿头绑着一个网子。他们笨拙地寻找着蝉的踪迹，然后屏住呼吸，小心翼翼地试图靠近，捕捉，蝉机敏地逃脱，不忘得意忘形地长声讥笑。

终究会有木讷落网的蝉，孩子和小伙伴们，撕掉翅膀，捡把柴火，烤得半生不熟就往嘴里塞，嘴边满是柴灰，顺手一抹脸就被画成了小花猫，却还是笑得嘻嘻哈哈的。很快乐。

到了傍晚，这个五岁的孩子就缠着姥姥到村口的树林去捉刚刚脱壳的蝉，这个地方叫知了猴。趁着夜幕降临，知了猴急急地爬出土穴，为了在地下蛰伏数年后，褪掉最后一次皮，赶在天亮前放声歌唱。这个孩子没有手电筒，所以也要赶在天黑透前多抓一些。知了猴和孩子都在和时间赛跑。

天黑透了，姥姥还在摸着黑在树上继续摸着知了猴。孩子看着漆黑的树林，想起姥姥讲的鬼故事，哇的一声，哭了。

姥姥带着哭闹的孩子回到了家，把知了猴用开水烫了，捞起，在筛子上晾干，舍不得用油，就用锅一点点干煸。那个孩子就扒着灶边，咽着口水，眼巴巴地等着。知了猴终于熟了，姥姥撒上盐，一个一个塞进孩子的嘴里，孩子吃得很香，姥姥摇着蒲扇，笑了。

三十多年后，孩子成了一个大人。这个夏天，他在听到蝉叫的时候，抬起头找寻，刺眼的阳光让他睁不开眼。他突然想起了那个知了声声呼唤着的童年……

“西陆蝉声唱，南冠客思深。不堪玄鬓影，来对白头吟。”

不堪玄鬓影，来对白头吟……

济南焖饼：贝多芬D小调第九交响曲

我喜欢吃焖饼。

十几年前，初到济南，在一家报社卖字为生，工作繁忙加之单身，吃饭自然就凑合。每每深夜赶稿，误了饭时，就去朝山街路口的夜摊，从老孙的羊肉串摊上烤几十支串，接一杯扎啤，撸完串喝完酒，再从旁边胖姐的夜摊上，炒一个焖饼。炉火之上，铁锅之内，饼丝、肉丝、鸡蛋、豆芽，在一只铁勺叮叮当当地翻炒中，炒好。一盘之中有面有肉、有蛋、有菜蔬，有白有红、有黄有绿，有饭有菜、有滋有味，狼吞虎咽，风卷残云地吃下，打个嗝，酒足饭饱继续加班写稿去了。多么简单直接粗暴的一顿饭，多么青春激扬的一段时光，就像我年轻时最喜欢的热血沸腾的摇滚。

在济南一晃就是十多年，青春早已消磨殆尽。当年那个冲动中带着叛逆的青年，成了一个生活在现实社会被打磨掉梦想和棱角的中年大叔。放下了扎啤杯，端起了泡着枸杞的保温杯。听不惯了暴躁的摇滚，转而喜欢舒缓的交响乐。奇装异服改成了对襟大褂，不再喜欢味道刺激的食物和在外边餐厅吃饭，渐渐喜欢上了在家下厨，食清粥小菜。

人生，或许就是这样。我们的父辈，我们，我们的下一辈，世世代代从肆无忌惮到四平八稳，青春不经意走过，再无踪迹。

有一天，突然想吃焖饼了，那就在家做一个吧。

去市场，买饼丝六两、甘蓝一个，又买了鸡子儿、韭菜各少许。猪肉切细丝，豆芽洗净掐头去尾，甘蓝切碎条，青辣椒切末，韭菜切段，鸡子儿打蛋液。这个过程像极了贝多芬D小调第九交响曲的第一乐章：不太快的快板，威严有力，排山倒海，一气呵成。

生火坐锅，油沸热，下蛋液，滋啦声中，黄澄澄的蛋液就变成了黄灿灿的蛋块，盛出。复架锅浇油，撒几粒红袍花椒，炝出麻香味后捞出，油微微热，青烟氤氲中，肉丝下锅，像小提琴一般呲啦一声拉开了第九交响曲第二乐章极活泼的快板的序章，勺子就像指挥棒，让肉丝的独奏低吟几声，扒拉几下，又引导着青辣椒也加入进来，像一支双簧管，吹响了前奏。转轴拨弦三两声，未成曲调先有情。极活泼的快板，充满了活力和轻松。

豆芽和甘蓝丝也粉墨登场，先前炒好的鸡蛋也跳跃着加入进来，翻炒着，像一只手拂过钢琴所有的琴键，不规则地变奏曲式。这时，主角饼丝隆重登场，铺在所有的原料上，用一勺清水浇入锅中，盖上盖，焖，就像音乐突然戛然而止。其实，就像第九交响曲由第三章如歌的柔板，充满了静观的沉思，又如大战中短暂的平息。

当饼丝稍稍软塌下来，添韭菜段，下调料，酱油和醋溜着锅边儿一浇，一圈不多不少，然后在手勺的指挥下，兜炒，兜炒，兜炒，就像小提琴、中提琴、大提琴、低音提琴，长笛、短笛、单簧管、双簧管、中音双簧管、巴松管，小号、短号、长号、圆号、大号，定音鼓、大鼓、小鼓、锣、镲、铃鼓、三角铁，钢琴、竖琴、木琴、铝板钟琴、钢片琴……一起轰鸣，“大弦嘈嘈如急雨，小弦切切如私语。嘈嘈切切错杂弹，大珠小珠落玉盘”。像贝多芬D小调第九交响曲第四乐章的华彩——欢乐颂中加入独唱、重唱和合唱而达到欢快的高潮一样。

乐曲推向光辉灿烂的结尾，音乐结束了，一盘焖饼，做好了。有菜有饭，饱了。

贝多芬D小调第九交响曲合唱部分是以德国著名诗人席勒的《欢乐颂》为歌词而谱曲的，所以，这盘焖饼的名字应该叫青春的欢乐颂。

满满的都是追忆。

思“椿”

春天又悄悄地来了。风清日暖，春正浓，最欣喜的是春雨，用温润的雨珠，唤醒了一冬的沉寂，万物开始透出满是春的鲜活气息。

当春乃发生的，不止有好雨，还有各种春芽或者春苗，羞答答地从泥土里探出头来，或在枝头发出芽来。这种至鲜至嫩的滋味，在舌尖，就是整个春。

在这满盘春色中，我最爱的是香椿了。在一众小清新的春芽、春苗里，香椿的味道最浓郁了。春风吹过几夜，春雨下过几场，天就渐渐地暖了。院子里的老香椿树这时候就开始冒芽了，先是白天看着一骨朵儿一骨朵儿地冒，嫩嫩的，像羞涩的孩子。“雨前椿芽嫩如丝”，等了一夜

春雨过后，再看就是寸许长的椿苗了。再过几天，就成了香椿芽了。这时候，就得抓紧采摘下来，要不再过上一段时间就老了。

绑在一支长长的竹竿的顶端，远远地伸过屋顶，伸向香椿树的树梢，钩住一株新发的芽，一转，一掰，一束椿芽便坠落在地上了。

最好的椿芽，是紫红中带着些翠绿的，“只应春有意，偏与半妆红”，斑驳的像一串玛瑙和翡翠呢。香椿的芽叶是多汁而鲜嫩的，嫩得似乎一掐就能掐出汁水来，嗅一嗅，那种奇异的香便盈满了鼻腔。

椿芽趁着嫩，切得细细的，拌个豆腐就好吃。汪曾祺在他的《人间滋味》中写道：“香椿拌豆腐是拌豆腐里的上上品。嫩香椿头，芽叶未舒，颜色紫赤，嗅之香气扑鼻，入开水稍烫，梗叶转为碧绿，捞出，揉以细盐，候冷，切为碎末，与豆腐同拌，下香油数滴。一箸入口，三春不忘。”读来真让人垂涎。

要是用几枚鸡子儿，打蛋液，和细碎的椿芽末掺在一起，倒在烧热的油锅里，煎个蛋饼，就更惹味了。“滋拉”一声，春天的味道就飘满了厨房。黄灿灿的蛋饼中，点缀着翠绿的椿芽末，这就是一盘盎然的春色啊，多美呀！而吃到嘴里，鸡子儿的滑嫩和椿芽的鲜香在味蕾上的感觉，就像是一缕缕的春风吹过。

还可以炸个香椿鱼儿。香椿鱼虽然叫鱼，但不是鱼，甚至连鱼的味道都没有。但当一根根椿芽逐根挂糊，下到油锅里，你就会看到像一条条鱼儿游动在油波里了。炸至外香酥、色金黄时，捞出。咬一口，外面的蛋粉糊金黄酥松，而裹着的香椿碧绿脆嫩，香味喷薄而出。再来一碟花椒盐蘸来吃，味道就更美，确实是妙。

爱吃面的，也一定不要辜负了这大好春光里的大好椿芽。一碗手擀的面，热热地吃锅挑儿。多多的青蒜丁，多多的豆芽掐菜，多多的小萝卜，最重要的是要多多的香椿末儿，芝麻酱调好了倒上，花椒油浇一勺儿，拌匀了，再来一头紫皮新蒜，满嘴都是春天的味道。就像北京裕德乎于老爷子说的：“得嘞，偏您了，我先得着了。”

爱吃炒饭的，也一定不能错过了这“椿”意盎然的时节啊。用一碗白白的隔夜米饭，和红红的风干咸肉丁，还有绿绿的最新鲜的椿芽碎、黄黄的炒鸡蛋碎，炒成一碗荡漾在舌尖最鲜美、最难忘的饭，就像《舌尖上的中国》总顾问沈宏非说的那样，“最难将息”。

想吃点荤的，就煮一块白肉，切薄薄的大片，椿芽切碎碎的末，剥几瓣新蒜砸成蒜泥，一大勺红油淋下，让白肉裹满红油，沾满椿末，滚着蒜泥，这又是四川人味蕾上不一样的蒜泥白肉，不一样的春天。

而我的老家博山，每当椿芽初下，做豆腐箱子或者做春卷的时候，常添一把细碎的椿芽末，装在豆腐箱子里或卷进蛋皮做的春卷里，顿时在舌尖就又焕发了第二春了。

威海荣成海域出产一种小鱼，名叫黄鲫子鱼，当地人又称其为“毛扣子鱼”。每年春初香椿发芽的季节，它们会洄游浅海区，这是捕捞和食用的最佳时节。当地人说：“椿芽冒，毛扣到；煎着吃，满嘴香；焖着吃，鲜倒人。”所以每年椿芽当季的时候，炸一盘香椿和毛扣子鱼的双拼，是每一个荣成人的最爱。

吃过了这鲜香的椿芽，春天就要过去了。没事，用粗粗的海盐腌渍的香椿，已经存在了罐里。等着夏天拿出来，做一碗芝麻酱、红萝卜咸菜丁、香椿咸菜末、黄瓜丝、蒜泥的凉面，继续诱惑我们，让我们继续在这一年里怀念这春的味道。直到，下一个春天的到来，下一季椿芽的到来。

在我的味蕾中，味道浓郁的不仅是这香椿，还有浓浓的回忆。吃着这春日的椿芽，突然，就想起了小时候。我的姥姥颠着小脚，在院子里的那棵香椿树下，仰着头，用竹竿钩下一穗穗的香椿芽，洗净了，切碎了。我在鸡窝前焦急地等着老母鸡咯嗒咯嗒地下蛋，一枚鸡蛋掺上椿末，用很少的猪油煎蛋饼，很香。

那是个春日，阳光很好，风也很清。伴着一缕穿越时空、带着浓浓回忆的椿香，我的脑海浮现出一个画面：一个老人，拿着一把紫红的香椿，在紫红色的晚霞中，一头白发迎风飘动。

剔骨肉拌黄瓜

下酒小凉菜里，我喜欢两样：一样是油炸花生，一样是拍黄瓜。油炸花生爱其香浓，拍黄瓜则是喜欢它的清爽。

拍黄瓜可以素拌，加酱油、陈醋、香油、盐，再拍几瓣蒜，简简单单就爽口之极。也可以用香油澥开芝麻酱浇上来拌，又别有一番浓香。若是再掰入几段风干再油炸过的老油条，黄瓜清脆而油条香酥，那就更好了。再讲究一点，用海米来拌，黄瓜脆嫩清香，金钩鲜而微甜，有隐约醋酸姜辣，下酒真是好。

对于我这样无肉不欢的人，素拌拍黄瓜难免觉得有些寡淡，荤拌方觉解馋，也更能下酒。拍黄瓜可以拌猪头肉，口条、拱嘴处吃的是肉嫩细腻，脸腮处吃的是皮滑肉嫩。最妙的是猪耳，切得薄薄的，带着些许的脆筋骨，咬起来在口中略有嘎吱脆头，最好吃。除了食盐、酱油、陈醋、白糖、香油，浇上一勺炸好的辣椒红油，更是惹味。

黄瓜拌酱牛肉也好吃，但窃以为，和酱牛肉最搭的是葱丝。因为酱牛肉已经酱卤入味，再调外味已是多余，若不调则黄瓜又寡淡无味，所以倒不如简简单单地用章丘大梧桐甜葱丝来搭，更合适。

荤拌里，我最爱的也是以前吃得最多的是剔骨肉拌黄瓜。剔骨肉是我家乡博山的叫法，北方人也有叫贴骨肉或者拆骨肉的，顾名思义，就是剔下或拆下贴着骨头的那层肉。这种肉骨头的肉少，且带筋，筋肉相连，不易剥离，拆之不易，所以谓之为剔骨肉。

老家博山赵庄簸箕掌附近，以前有个肉联厂，经常有肉骨头处理，多是一些扇骨、腿棒骨或是猪脊骨，因为肉多已剔去故而价廉。再细究起来，扇骨的肉太少，而猪脊骨肉嵌骨中，处理太麻烦且价高，所以腿棒骨是最受欢迎的。小时候家贫，很少有大口吃肉的机会。那时好吃的博山人就会把这些便宜的肉骨头买回家，简单地加八角、花椒等香料白煮。煮好后肉汤可以熬白菜、土豆、粉条，还可以敲开骨头吃骨髓。而从骨头上剔下的剔骨肉，捣一蒜臼蒜泥蘸着，就着刚出锅的热馒头，就是对那个困难时期缺乏油水的胃最好的抚慰了。

簸箕掌村因了挨着肉联厂的便利，所以很多村民精于制作肉食，猪头肉和剔骨肉做得尤其好。推车担市贩卖者多，因为剔骨肉价格相对便宜，又是荤食，所以自受欢迎。爱喝几杯的，买来剔骨肉，拍几只顶花带刺的黄瓜，用蒜泥、陈醋、酱油、白糖、精盐、味精一调一拌即成。或者起红锅，热油爆葱段，加剔骨肉，调酱油爆炒，这道菜叫葱爆剔骨肉。贴在骨头上的肉是别有滋味的，有肥肉的浓香，有筋膜的韧脆，有瘦肉的细嫩，再炸盘花生米，有荤有素，就可以浮一大白了。

我年轻时，在家乡玻璃厂糊口，工厂酒风甚烈，每日必呼朋唤友痛饮，而下酒最爱此物，甚至胜于肘子拌黄瓜。我觉得剔骨肉拌黄瓜比肘子拌黄瓜好吃的地方在于，虽然肘子香糯浓郁，但缺少了剔骨肉那种肉紧实、筋脆爽的咀嚼的感觉，按酒友的说法就是少了“嚼劲”和“脆头”。当然，在一个囊中羞涩的酒徒眼里，剔骨肉也比肘子经济实惠多了，白酒也永远比啤酒能更快地灌醉自己。后来，物质生活渐渐丰富了，吃肉能大快朵颐了，剔骨肉却越来越难吃到了。再后来，认识的人越来越多了，但能真正在一起喝酒畅谈交心的朋友，却越来越少了。

前段时间回老家，和几个发小一起约着去喝酒，突然发现菜单上有这道好多年不见的剔骨肉拌黄瓜，点了一道。一口剔骨肉，一口黄瓜，一口酒，还是熟悉的味道，还是熟悉的兄弟，还是熟悉的感觉。

喝酒的时候我突然记起了一个叫刘增禹的哥们，当年在工厂上班的时候，他像个大哥一样照顾过我。记得我们曾经用一盘剔骨肉拌黄瓜、一盘花生，每人喝过一斤半“兰老二”白酒老兰陵二曲。十年前他已经离我而去了，想起他，想起当年的那份兄弟情，不由地伤感和痛心。

剔骨肉拌黄瓜还在，酒，还在，味，回来了，心，也回来了，但有些人，却再也回不来了。

后记

这是我的第一本书，叫《山东味儿》。其实，我去过很多地方，吃过很多食物，写过很多文字，但第一本书，作为一个山东人，我还是想记录一下家乡的味道。记录家乡百姓最喜欢最熟悉的味道，记录他们对千百年流传下来的味道的坚持和传承。

我曾经作为总策划总领队拍过一部美食纪录片《搜鲜记》，有人问我，这一路走来，哪个地方的味道最美最鲜？我答不出来，因为我始终觉得，味道，是一种感觉，众口难调，每一个地方的人都会对“鲜”对美味有不同的诠释和理解，但唯一相同的是，对各自家乡味道的迷恋，坚持和怀念，家乡的味道，朴素，温暖，且有力量，这，是一种藏在味蕾中的思念。

所以，人的味蕾是有记忆的，也是有情感的，与家乡有关，与童年有关。这，已经不仅仅只是一种味道，更是对故乡对亲人的一种感情。一个人，一辈子，无论走多远，走多久，怀念的，永远是家乡的味道。

我曾经写过一段文字“即使走遍山川湖海，却囿于昼夜、厨房与爱；即使注定以梦为马，却怀念炊烟、妈妈和家”。味道的背后，是我们心中最纯真最亲切最熟悉的一种情感。

写到这里，我想起了自己早逝的母亲。母亲，我想告诉你：儿子大了，去过那么多地方，看到过那么多风景，吃过那么多的美味，却永远怀念你亲手做的饭菜，永远怀念最最坚强的你，最最好的母亲……

这本书，我最要感激的是董克平董老师，没有您领着我开眼界长见识，没有这么多年跟着您学习，也就没有我现在对食物的见识理解和这本书。对我而言，您就我是亦师亦友的好大哥。

感谢沈宏非和张新民两位老师，我是很小就读沈老师在《南方周末》的美食专栏，张老师的学识见解也是我学习的好榜样。能认识他们并且给我的书做推荐，是我的荣幸，感谢二位老师。

感谢我的家人，感谢我的好大哥凯瑞集团董事长赵孝国、山东省饭店协会秘书长王新和蓝海集团韩志远，感谢我的好兄弟美食摄影师鲁克强，感谢城南往事总厨尹明玉，感谢泉城大酒店总厨李先平，感谢我吃过拍过的那些厨师师傅和小吃手工艺人……感谢的人还有太多太多，在此一并谢过了。

啰里啰唆这么多，汇总一句话吧：往食如烟，家乡味，在每一个人的心间！

是为后记。